しっかりマスター

イラレ一年生

坂口拓

JN111904

まえがき

この度は、『しっかりマスター イラレ一年生』を手に取っていただき誠にありがとうございます。

本書は、Adobe Illustrator（通称：イラレ）未経験な方々の「はじめての1冊」になってほしいと思い書いた書籍です。デザイナー志望の学生から、勤務先で使うことになった会社員の方、お店のPOPやチラシを作りたい方、デジタルイラストを描いてみたい方……さまざまな理由でイラレを学ぶことになった初学者の方々に向けて、できるだけハードルを低くわかりやすく楽しんで学べる内容にまとめました。

ここ数年のデジタルツールの進化はとても目まぐるしく、日々新しいアイデアや表現が生まれています。そして取り巻く環境は"クリエイティブ"という一言では言い表すことのできない時代が来ていることを肌で感じます。

今後もますます技術が発展し、見たこともない創造性豊かな未来がやってくることでしょう。そんな現代でも、Adobe Illustratorはクリエイティブ業界で大きなシェア率を誇るドローイングソフトウェアとして、世界中のクリエイターが使用しています。イラレはデジタルビジュアル表現において基礎から応用まで幅広く対応できるソフトです。まずは"基本を抑える"。これは何かを始めるときに真っ先に考えることだと思います。その基本をしっかり確実に会得できるように本書を書きました。

現在では、デザインを職業としていない方がイラレを使うケースも多くなりました。本書は、プロを目指していない方にも挫折せずに挑戦してもらえるよう、初期段階ではあまり必要のない細かい機能紹介は簡略化し、慣れ親しみながら学んでもらえる内容にしています。

私がイラレを初めて触ったときにこういう本があればよかった……そして、イラレを教える立場になった今、みなさまの手元にある本になればいいなと思いながら書かせていただきました。

最後まで楽しく読んで学んでいただき、本書がみなさまにとってクリエイティブの第1歩目になることを願っています。

2024年5月

著者

CONTENTS

まえがき ……………………………………………… 3
目次 …………………………………………………… 4
本書の使い方 ……………………………………… 7
サンプルデータのダウンロードについて ………… 8

Chapter 1 Illustrator ってどんなソフト？ 9

Lesson 01　Illustrator でできること、できないこと …… 10
Lesson 02　基本の画面を覚えよう …………………… 12
Lesson 03　ファイルを開閉しよう ……………………… 15
Lesson 04　新規ファイルを作成しよう ………………… 17
Lesson 05　画面の移動と拡大縮小をしよう ………… 18
Lesson 06　ファイルを保存しよう ……………………… 19
Lesson 07　便利なショートカットキー ………………… 20

Chapter 2 直線・図形を描こう 21

Lesson 01　オブジェクトの基本的構造 ……………… 22
Lesson 02　直線を描く ………………………………… 24
Lesson 03　長方形、正方形、角丸を描く …………… 27
Lesson 04　楕円、正円を描く ………………………… 31
Lesson 05　多角形、星を描く ………………………… 33
Lesson 06　破線を描く ………………………………… 36
Work 01　　練習問題 直線と図形だけで絵を描く … 37

Chapter 3 自由に図形を描こう 41

Lesson 01　曲線を描く ………………………………… 42
Lesson 02　ペンツールで線を描く …………………… 44
Lesson 03　フリーハンドで線を描く …………………… 49
Lesson 04　図形を消す、切る ………………………… 52
Lesson 05　アンカーポイントとハンドル操作 ………… 54
Lesson 06　線を調整する ……………………………… 59
Work 02　　練習問題 自由に線を描き調整する …… 61

Chapter 4 移動と変形を使おう　65

Lesson 01	レイヤーを管理する方法	66
Lesson 02	オブジェクトの選択と移動	68
Lesson 03	オブジェクトの移動	72
Lesson 04	オブジェクトのコピー＆ペースト	74
Lesson 05	オブジェクトのグループ化、グループ解除	77
Lesson 06	オブジェクトの変形（拡大、縮小）	79
Lesson 07	オブジェクトを回転させる	83
Lesson 08	オブジェクトを反転する	86
Lesson 09	オブジェクトを傾ける（シアー）	89
Lesson 10	オブジェクトの自由変形	91
Lesson 11	オブジェクトを個別に変形する	92
Work 03	練習問題 オブジェクトの選択と移動	94
Work 04	練習問題 オブジェクトの変形	97

Chapter 5 オブジェクトを編集しよう　101

Lesson 01	画像配置とクリッピングマスク	102
Lesson 02	複合パスを理解する	106
Lesson 03	パスファインダーを使いこなす	109
Lesson 04	ガイドとスマートガイドを使う	114
Lesson 05	整列でオブジェクトを配置する	116
Lesson 06	連結平均でパスを整える	120
Lesson 07	パスのアウトライン	122
Lesson 08	パスのオフセット	124
Lesson 09	ブレンド機能を使いこなす	126
Lesson 10	グリッドに分割する	130
Lesson 11	不透明度と描画モード	132
Lesson 12	不透明マスクを使う	134
Work 05	練習問題 オブジェクトの編集	136

Chapter 6 アピアランスを使おう　141

Lesson 01	アピアランスの基本を知ろう	142
Lesson 02	アピアランスを適用して組み合わせる	151
Lesson 03	グラフィックスタイルを適用する	154
Work 06	練習問題 アピアランスの活用	156
Column	イラレー年生が知りたいQ&A	158

Chapter 7 色とパターンを使おう 159

Lesson 01　色を選択する 160
Lesson 02　グラデーションを使う 164
Lesson 03　パターンを作る 169
Lesson 04　スポイトで情報を抽出する 173
Lesson 05　オブジェクトを再配色する 175
Work 07　練習問題 色とパターン 177

Chapter 8 文字の入力と編集をしよう 179

Lesson 01　文字の入力 180
Lesson 02　文字の編集と設定 184
Lesson 03　段落を設定する 187
Lesson 04　パス上文字を使う 191
Lesson 05　文字のオーバーフロー 193
Lesson 06　テキストの回り込み 195
Lesson 07　タブ機能を活用する 197
Lesson 08　文字のアウトライン化 200
Work 08　練習問題 文字の編集 203

Chapter 9 ステップアップしよう 205

Lesson 01　文字や画像を変形・加工する 206
Lesson 02　Illustratorでデータを保存する 212
Lesson 03　入稿に必要なトンボの知識 214
Lesson 04　知っておきたい色の話 217
Lesson 05　プリント設定して印刷する 221
Work 09　総まとめ問題 コーヒーショップのチラシ 223
Work 10　総まとめ問題 パッケージ旅行のバナー 226
Work 11　総まとめ問題 チョコレートのパッケージ 227

索引 229

本書の使い方

　本書は、Illustratorのビギナーからステップアップを目指すユーザーを対象にしています。作例や練習問題の制作を実際に進めることで、Illustratorの操作をマスターすることができます。

▶ 表示について

ほぼすべての解説に
サンプルデータが付属しています。

各Lessonで使用するツールの
アイコンを記載しています。

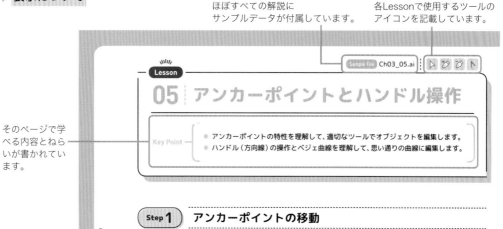

そのページで学べる内容とねらいが書かれています。

▶ キーボードショートカットについて

　本書のキーボードショートカットの記載は、Macによるものです。Windowsユーザーは、キー操作を右のように置き換えて読み進めてください。また、本書P.20の便利なショートカットキーも併せてご参照ください。

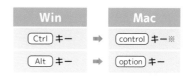

Win		Mac
Ctrl キー	⇒	control キー※
Alt キー	⇒	option キー

※ファイルの保存やアプリケーションの終了など、
　一部の機能については command キー

▶ ［環境設定］ダイアログボックスの表示について

　［環境設定］ダイアログボックスを表示するには、Macはメニューバー「Illustrator」➡「設定」、Windowsはメニューバー「編集」➡「環境設定」から表示したい項目を選択します。

▶ ツールパネルについて

　Illustratorのバージョンによっては、ツールのサブメニューにないツールがあります。その際は、ツールバー下部にある「ツールバーを編集」 ▦ からすべてのツールを表示し、必要なツールを追加できます。

追加したいツール
をクリック

❶ クリック

この本のガイド

りんごちゃん
イラレ初心者を
ステップアップに
導く妖精。

おばけくん
初心者が知りたい
ワンポイントを教え
てくれるおばけ。

サンプルデータのダウンロードについて

　本書には、学びをサポートするサンプルデータがあります。

　サンプルデータは、本書のサポートページからダウンロードできます。以下のサポートサイトにアクセスし、ダウンロードを行ってください。

　なお、サンプルデータはZip形式で圧縮しています。解凍してからご利用ください。

　圧縮ファイルにはパスワードが設定されています。パスワードについては、サポートサイトの注意事項をご確認下さい。

●サポートサイト

http://www.sotechsha.co.jp/sp/1335/

Chapter
1

Illustrator って
どんなソフト？

Lesson

01 | Illustratorでできること、できないこと

Illustratorはとても便利なグラフィック制作アプリケーションです。いろいろなことができますが、万能ではありません。できることとできないことを知っておくと、的確な作業ができるようになります。

● できること、得意なこと

Illustratorは、ベクターデータで画像を作れるアプリケーションです。ベクターデータは、点や座標を線で結び、数値によって画面に表示されます。ベクターデータで作られたオブジェクト（図形や文字）は拡大しても画質が粗くならず、きれいなまま使用できます。

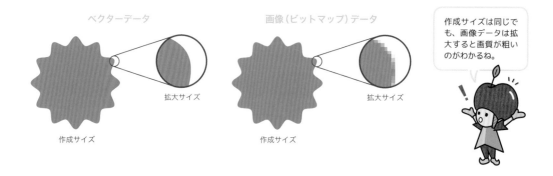

ベクターデータ

拡大サイズ

作成サイズ

画像（ビットマップ）データ

拡大サイズ

作成サイズ

作成サイズは同じでも、画像データは拡大すると画質が粗いのがわかるね。

また、ロゴマーク、アイコン、地図、WEBサイトなどのデザイン素材の作成にも適しています。さらに、それらと写真や文字を組み合わせてレイアウトすることもできます。

文字をベクターデータとして扱えるので、文字要素が中心になる冊子や帳票類などを作ることもできます。

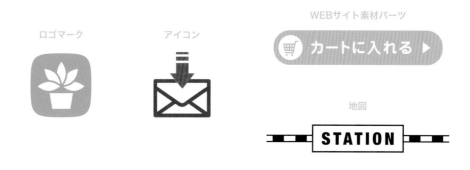

ロゴマーク

アイコン

WEBサイト素材パーツ

カートに入れる

地図

STATION

◎ できないこと、不得意なこと

Illustratorは、写真やイラストなどの画像（ビットマップ）データの編集が苦手です。明るさや色味の調整や合成などの画像編集はIllustratorよりもPhotoshopの方が得意なので、Illustratorで写真を使いたい場合は、先にPhotoshopで編集しておくのが一般的です。

写真の明るさや色味の調整は苦手

写真の明るさや色味の調整はPhotoshopの方が適している。

表や文章の見た目をきれいに作ることはできますが、表計算ソフトのように計算式を入れたり集計結果などを自動で反映させることはできません。Illustratorで表を作る場合は、あらかじめ計算しておいた数字を、テキストとしてレイアウトすることになります。

表を作るのは得意だが計算はできない

リンゴ	200
みかん	300
ぶどう	500
バナナ	250
合計	1,250

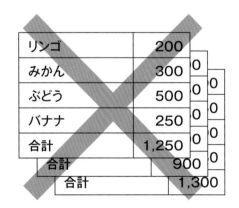

Illustratorに自動で計算する機能はない。

また、Illustratorファイルは、Illustratorでしか編集できません。Illustratorのデータを他者が見れるようにするためには、形式を変更する必要があります。

02 | 基本の画面を覚えよう

Illustratorの作業画面のことを「ワークスペース」といいます。まずはワークスペースの名称と役割を理解し、目的にあった機能を表示させて作業環境を整えましょう。

◎ Illustrator の基本の画面

　ワークスペースは、好みや目的に合わせて並び方や表示する内容をカスタマイズできます。いろいろと試しながら、快適に作業できるワークスペースを見つけましょう。

メニューバー（アプリケーションバー）
Illustratorメニューを選択します。

コントロールパネル
機能を補助するパネルです。

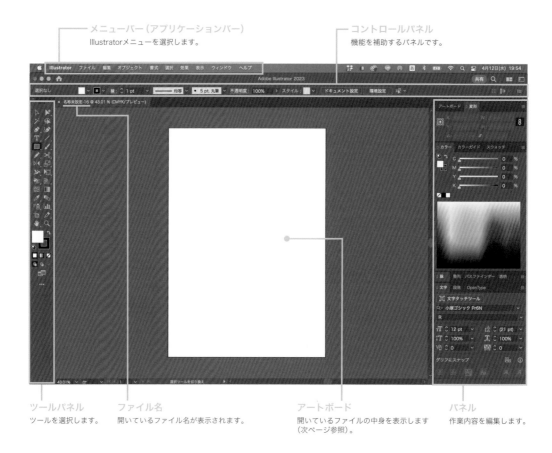

ツールパネル
ツールを選択します。

ファイル名
開いているファイル名が表示されます。

アートボード
開いているファイルの中身を表示します（次ページ参照）。

パネル
作業内容を編集します。

STEPUP TOPICS

アートボードとは

アートボードとは、アートワークを作成するための領域のことで、最大1000個まで作れます。
新規ドキュメント作成時にアートボードを指定しますが、後からアートボードツール🔲を使って追加や削除することができます。また、それぞれ個別に異なったサイズに設定することも可能です。

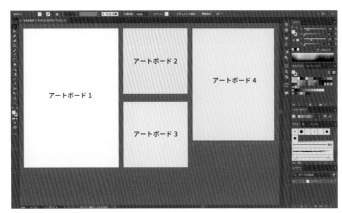

アートボードは、[アートボード]パネルにリスト表示されています。

1つのファイルに複数のアートボードを設定できます。
それぞれのアートボードは、異なったサイズに設定できます。

「表示」メニューの「アートボードを隠す」(shift + command + H)を選択すると、アートボードを非表示にできるよ。
再度表示するには、「アートボードを表示」を選択してね。

アートボードを増やす方法

アートボードツール🔲を使って、アートボードの追加、削除、サイズの変更、位置の移動などの編集ができます。操作方法は、長方形ツール🔲と (P.27参照) 同じです。

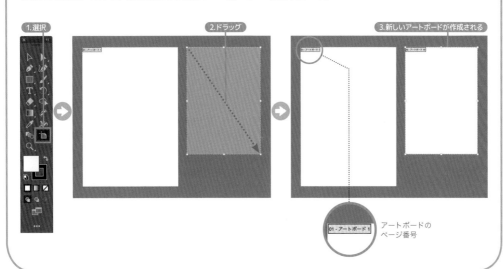

1.選択　　　2.ドラッグ　　　3.新しいアートボードが作成される

01 - アートボード 1
アートボードのページ番号

◎ パネルの使い方

Illustratorのパネルはタブ方式が採用されていて、複数のパネルを重ねて格納でき、上部に表示されたタブをクリックして表示するパネルを切り替えることができます。初期状態で表示されていないパネルは、メニューバー「ウィンドウ」から選択します。

◉ パネルの説明

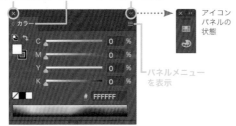

パネルを閉じる　タブ　アイコンパネル化
アイコンパネルの状態
パネルメニューを表示

tab キーを押すと、ツールパネルやコントロールパネル、すべてのパネルを一時的に隠せて描画範囲を広く使えるよ。戻すときは再度 tab キーを押せばOK！

◉ パネルを表示する

ドックに格納されているパネル全体を表示したい場合はここをクリックします。

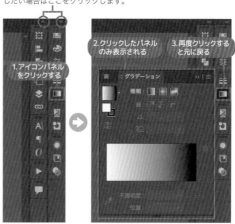

1.アイコンパネルをクリックする
2.クリックしたパネルのみ表示される
3.再度クリックすると元に戻る

◉ パネルを独立させる

各パネルのタブ部分をドラッグすると、パネルを独立させることができます。

1.パネルタブをドラッグする

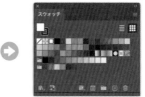

2.パネルタブが独立する

◉ パネルを合体させる

他のパネルに重ねると、1つのパネルに合体させることができます。

1.パネルタブを重ねる

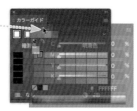

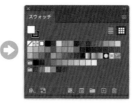

2.パネルタブが合体する

Lesson

03 | ファイルを開閉しよう

Illustratorファイルを開いたり閉じたりする方法は、いくつかあります。どれも結果は同じなので、操作しやすい方法で行えば大丈夫です。時と場合によって使い分けてもいいでしょう。

◎ Illustratorのファイルの開き方

開き方は主に4通りあります。

方法 ① ファイル名かアイコンをダブルクリックする。

方法 ② 右クリックメニューからアプリケーションを指定して左クリック。

方法 ③ ファイルをドラッグしてDock内のAiアイコンに直接重ねる。

方法 ④ メニューバー「ファイル」➡「開く」をクリックし、開きたいファイルを指定する。

👍 ショートカットキーは、(command) + (O)(オー)

ショートカットキー

Illustratorのファイルの閉じ方

閉じ方もいくつかあります。どれも結果は同じなので、操作しやすい方法でかまいません。

方法1 ファイル名の横の✕をクリックすると、ファイルを個別に閉じることができる。

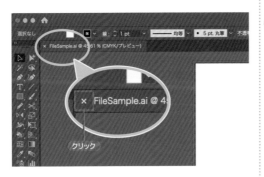

方法2 左上の◉をクリックすると、Illustratorを終了してすべてのファイルを閉じることができる。

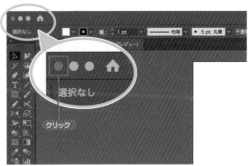

方法3 メニューバー「ファイル」➡「閉じる」または「すべてを閉じる」をクリック。

ファイルの開閉は、すべての作業に共通する動作なので、ショートカットキーを覚えておくと便利です。

開く	command + O (オー)
閉じる	command + W
すべてを閉じる	option + command + W

Lesson

04 | 新規ファイルを作成しよう

Illustratorで新しいファイルを作る方法は、主に2通りあります。自分にとって操作しやすい方法を見つけましょう。

◯ 新規ファイルの作り方

方法① メニューバー「ファイル」→「新規」をクリックする。
👍 ショートカットキーは、command + N

方法② ホーム画面 →「新規ファイル」をクリック。

ショートカットキー

新規ファイルを作ったら、ファイルを設定します。ここでは、一般的なA4サイズのタテで設定します。

① プリセットで「A4」をクリックする。

② 幅、高さ、単位、方向を確認する。
※その他の項目はひとまずそのままでOK。

③ 「作成」をクリックすると、A4サイズの新規ファイルが作成される。

印刷やWEBなど、使用目的に合わせてサイズや単位などの設定を変えよう。

Lesson

05 画面の移動と拡大縮小をしよう

Illustratorで作業するとき、頻繁に使う操作のひとつに「画面の移動」と「拡大縮小」があります。
作業したい箇所に合わせて、画面の移動や表示サイズを変更します。

◎ 作業画面の移動

方法 1 ツールを手のひらツールに変更し、クリック＆
ドラッグして作業したい箇所に移動します。

👉 作業時に、手のひらツールに切り替える必要があります。

推奨 方法 2 space を押しながらクリック＆ドラッグして移動
します。

👉 手のひらツールに切り替えなくてOK！

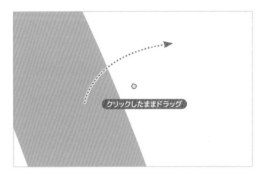

クリックしたままドラッグ

STEP UP TOPICS

別のツールで作業をしながらでもツールを切り替える手
間がなくなるので、ショートカット作業は早い段階で慣
れておくことをおすすめします。

はじめは慣れないポジ
ションで手首が疲れる
かもしれないけど、意
識して使っていこう！

◎ 作業画面の拡大と縮小

方法 1 ズームツールに切り替え、クリックし
たまま右にドラッグで拡大、左にド
ラッグで縮小します。

推奨 方法 2 space ＋ command を押しながら左右にドラッグ
すると、拡大縮小します。

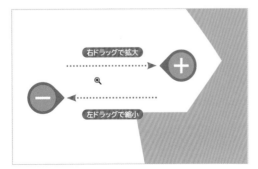

右ドラッグで拡大

左ドラッグで縮小

キーを押したまま左右にドラッグ

ズームツールに切り替えなくてOK！

Sample File Ch01_000.ai

Lesson

06 ファイルを保存しよう

データを正しく残すために、必ず覚えたいアクションが「保存」です。Illustratorの保存には様々な方法と形式がありますが、まずは基本的な保存方法を習得します。

◯ ファイルの保存方法

① メニューバー「ファイル」➡「保存」をクリックします。

② ファイル名、保存場所、ファイル形式を決めて保存します。

③ Illustratorオプションは、はじめはそのままでOK。

before

after

設定したファイル名で保存されます。

④ ファイルの名称が変更されていることを確認。

👉 作業中のファイル保存は頻繁に行う操作なので、できるだけショートカットキー command ＋ S を使い慣れていきましょう。

STEP UP TOPICS

保存方法の違い

保存 command ＋ S
現在作業中のファイル名称のまま保存する。

別名で保存 command ＋ shift ＋ S
現在作業中のファイルを別のファイルとして名称変え保存する。 ※保存後は別名で保存したファイルが表示される

複製を保存 command ＋ option ＋ S
現在作業中のファイルを複製して保存する。 ※保存後は現在作業中のファイルが表示される

こまめに保存するように心がけよう。

07 便利なショートカットキー

Illustrator をより便利に使うには、ショートカットキーが欠かせません。ショートカットキーとは、画面内での編集作業をあらかじめ短縮してキーボードに設定し、作業を効率化させる機能です。すべて覚える必要はないので、最初に覚えておくと便利なショートカットキーを抜粋してご紹介します。

◎ ツールの切り替え

（Ｖ）選択ツール
オブジェクトを選択する

（Ａ）ダイレクト選択ツール
オブジェクトの一部を選択する

（Ｐ）ペンツール
ペンツールに切り替える

（Ｔ）テキストツール
テキストツールに切り替える

> ショートカットキーでツールを切り替えるときは「英数字入力モード」になっていることを確認してね！

◎ ファイルやオブジェクトの編集

画面の移動	space ＋クリック＆ドラッグ	作業しやすい位置に画面を移動させる
画面の拡大／縮小	command ＋ space ＋左右にクリック＆ドラッグ	作業しやすい表示サイズにする
保存	command ＋ S	作業中のファイルを上書き保存する
取り消し	command ＋ Z	1段階前の操作に戻る
新規ファイル作成	command ＋ N	新しいファイルを作成する
すべてを選択	command ＋ A	表示されていてロックされていないオブジェクトをすべて選択する
閉じる	command ＋ W	ファイルを閉じる
コピー	command ＋ C	選択したオブジェクトをコピーする
カット	command ＋ X	選択したオブジェクトをコピーして消去する
ペースト	command ＋ V	コピーしたオブジェクトをファイルの真ん中に貼りつける

> 最初に必ず覚える必要はないので、いろんな操作を試しながら少しずつ慣れていこう。

上記はMacのショートカットキーです。WindowsユーザーはP.7を参考にキー操作を置き換えてください。

Chapter

2

直線・図形を描こう

Lesson

01 オブジェクトの基本的構造

Key Point
- Illustratorを使う上で最低限理解しておきたい基本構造です。
- 基本構造を元に、様々な編集や設定を行います。
- はじめは作業の度に設定を確認しながら進めていきましょう。

Step 1 オブジェクトの基本構造

Illustratorで描かれるベクターオブジェクトは点と線で構成された「パス」で表示されます。
「パス」は図形全体の骨格のことを指し、「アンカーポイント」「セグメント」「ハンドル」という3つの要素でできています。

▶ パスの構造

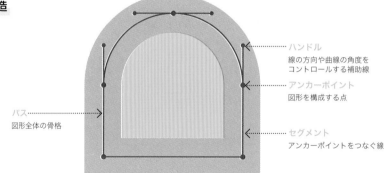

ハンドル
線の方向や曲線の角度を
コントロールする補助線

アンカーポイント
図形を構成する点

パス
図形全体の骨格

セグメント
アンカーポイントをつなぐ線

Step 2 色の設定

Illustratorで描かれるベクターオブジェクトは「塗り」と「線」で構成されています。赤の斜線は、無色透明の状態を指します。「塗りナシ」「線ナシ」と表現します。

▶ 塗りと線の構造

メニューバー「ウィンドウ」➡「スウォッチ」から[スウォッチ]パネルを表示して、それぞれに色を設定します。

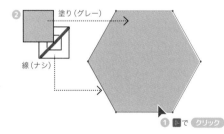

塗りのみ
2 塗り（グレー）
線（ナシ）
1 ▶ で クリック

1 選択ツール ▶ に切り替え、オブジェクトをクリックして選択します。
選択ツール詳しい解説はP.68を参照。

2 カラーボックスの「塗り」をクリックして前面に出し、[スウォッチ]パネルから色をクリックします。
塗りの詳しい解説はChapter7を参照。

線のみ

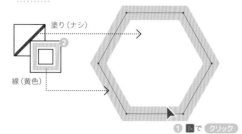

塗り（ナシ）

線（黄色）

① で クリック

塗りと線

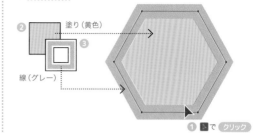

塗り（黄色）

線（グレー）

① で クリック

① オブジェクトをクリックして選択します。

② カラーボックスの「線」をクリックして前面に出し、[スウォッチ] パネルから色をクリックします。

① オブジェクトをクリックして選択します。

② カラーボックスの「塗り」をクリックして前面に出し、[スウォッチ] パネルから色をクリックします。

③ 選択はそのままで、カラーボックスの「線」をクリックして前面に出し、[スウォッチ] パネルから色をクリックします。

Step 3 パスの構造

Illustratorで描かれるベクターオブジェクトには、「クローズパス」と「オープンパス」があります。

クローズパス

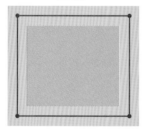

点（アンカーポイント）と点がすべて繋がっている状態。

オープンパス

点と点が繋がっていない（パスが閉じていない）状態。

オープンパス塗りナシ

※線が繋がっていなくても、塗りは適用されます。線のみにしたい場合は、「塗りなし」に設定しましょう。

STEPUP TOPICS

- オープンパスとクローズパスは制作物によって使い分けることもあります。オブジェクトの基本構造を理解して、使い分けできるようにしましょう。

- カラーボックスの右上にある矢印をクリックすると、塗りと線が反転します。 クリックで反転

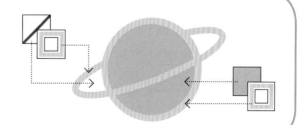

Lesson

02 直線を描く

Key Point
- 直線ツールやペンツールを使ってまっすぐな線を描きます。
- 感覚だけではなく、場面に応じた正確な描き方を習得できます。

Step 1 直線を描く

直線ツール

 ドラッグや数値入力で直線を描く。

始点から終点までの直線

① 直線ツール✐でクリックします（離さない）。
② そのまま右上へドラッグして離します。
③ 描き終えたら command を押しながら何もない ところをクリックします※。

水平の直線

① shift を押しながらクリックします（離さない）。
👍 shift はドラッグの途中で押してもOK。
② そのまま右方向へドラッグして離します。
③ 描き終えたら command を押しながら何もない ところをクリックします※。

両端へ伸びる直線

① option を押しながらクリックします（離さない）。
👍 option はドラッグの途中で押してもOK。
② そのまま右上へドラッグして離します。
③ 描き終えたら command を押しながら何もないところをクリック します※。

両端へ伸びる垂直線

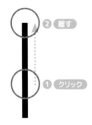

① shift ＋ option を押しながらクリックします（離さない）。
👍 shift ＋ option はドラッグの途中で押してもOK。
② そのまま真上へドラッグして離します。
👍 shift を押すことで角度が固定され、水平、垂直、斜め45度の直線が描かれます。
③ 描き終えたら command を押しながら何もないところをクリック します※。

※一時的に選択ツール（ダイレクト選択ツール）に切り替わります。

☀ 指定の長さと角度の直線

直線の長さや角度を
細かくきっちり指定
したいときは、数値
入力するといいね！

① 直線ツール ╱ でクリックします。

② [直線ツールオプション] ダイアログボックスで、長さと角度を入力します。

ペンツール

始点と終点をクリックして直線を描く。

☀ 始点と終点が結ばれる直線

① ペンツール ✐ で始点をクリックします。

② 終点にしたい場所をクリックします。

③ 描き終えたら command を押しながら何もないところを
クリックします。
※一時的に選択ツール（ダイレクト選択ツール）に切り替わります。

☀ 始点と終点が水平の直線

① shift を押しながら始点をクリックします。

② shift を押したまま、終点にしたい場所をクリックし
ます。

👍 shift を押すことで角度が固定され、水平、垂直、斜め45度の直線
が描かれます。

③ 描き終えたら command を押しながら何もないところを
クリックします。
※一時的に選択ツール（ダイレクト選択ツール）に切り替わります。

POINT

Illustratorで作業中、1つ前の作業に戻りたい時はメ
ニューバー「編集」➡「○○の取り消し」で作業を戻すこ
とができます。ショートカットは command + Z 。覚えて
おくと便利です。

Step 2 　線の設定を変更する

選択ツール

編集したいオブジェクトを選択ツール ▶ でクリック。

選択ツール ▶ の詳しい解説は、P.68を読んでね。

⚙ オブジェクトを選択する

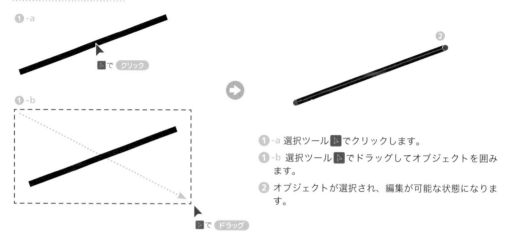

❶-a 選択ツール ▶ でクリックします。

❶-b 選択ツール ▶ でドラッグしてオブジェクトを囲みます。

❷ オブジェクトが選択され、編集が可能な状態になります。

⚙ 線の幅を変更する

❶ 選択された状態で、メニューバー「ウィンドウ」➡「線」から［線］パネルを出し、「線幅」を変更します。

⚙ 線の色を変更する

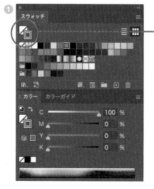

STEPUP TOPICS

• 「線ボックス」が「塗りボックス」の上にあることを確認して線の色変更を行いましょう。

• 線のみのオブジェクトの場合は「塗りボックス」はナシ（赤斜線）にしましょう。

❶ 選択された状態のまま、［スウォッチ］パネルの色を変更します。

👍 ［カラー］パネルや［カラーガイド］パネルでも変更可能です。

Lesson

03 長方形、正方形、角丸を描く

Key Point
- 長方形ツールを使った、長方形・正方形の描き方を習得します。
- 角丸長方形ツールでは、角が丸まった長方形・四角形が描けます。
- コーナーウィジェットを使うと、簡単に角を丸めることができます。

Step 1 長方形、正方形を描く

長方形ツール

ドラッグや数値を入力して長方形や正方形を描く。

● 対角線上に結んだ長方形

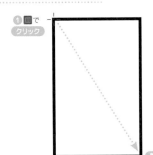

① 長方形ツール ■ でクリックしたまま、右下へドラッグして離します。

● 対角線上に結んだ正方形

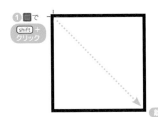

① shift を押しながらクリックし、そのまま右下へドラッグして離します。

👍 shift はドラッグの途中で押してもOK。

● 中心から描く長方形

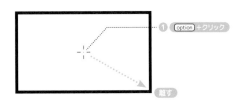

① option を押しながらクリックし、そのまま右下へドラッグして離します。

👍 option はドラッグの途中で押してもOK。

● 中心から描く正方形

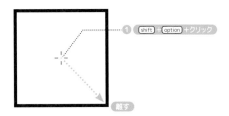

① shift + option を押しながらクリックし、そのまま右下へドラッグして離します。

👍 shift + option はドラッグの途中で押してもOK。

> option や shift を押しながら描いた場合は、描き終わったら必ずクリックを離してから option や shift を離そう。

◈ **クリックした箇所から右下方向へ 幅50mm×高さ70mmの長方形**

1. 長方形ツール ▫ でクリックします。
2. [長方形] ダイアログボックスの「縦横比を固定」アイコンをクリックして、オフ 🗒 にします。
3. 「幅」「高さ」に数値を入力します。ここでは [幅50mm]、[高さ70mm]。
4. 「OK」ボタンをクリックして完成です。

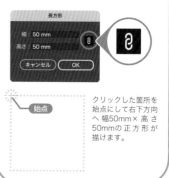

STEPUP TOPICS

「縦横比を固定」をオンにすると幅と高さどちらかの入力した数値に比例してサイズが決まります。

クリックした箇所を始点にして右下方向へ 幅50mm× 高さ50mmの正方形が描けます。

Step 2 角丸長方形を描く

角丸長方形ツール

四角形の角を丸くした長方形、正方形を描く。

◈ **対角線上に結んだ角丸長方形**

① ▫ で クリック

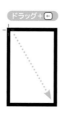

ドラッグ+↑ 長押し で鈍角
ドラッグ+↓ 長押し で鋭角

1. 角丸長方形ツール ▫ でクリックし、そのままドラッグと同時にキーボードの ↑ を長押しします。

👍 ↑ を長押した分だけ角が丸まっていきます。↓ を長押しした分だけ角の丸みが直角になっていきます。

👍 ← で直角、→ で最大半径の角丸が描けます。

◈ **数値入力で描く角丸長方形**

① ▫ で クリック

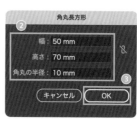

1. 角丸長方形ツール ▫ でクリックします。
2. [角丸長方形] ダイアログボックスで数値を入力します。

   幅：50mm　高さ：70mm　角丸の半径：10mm

3. 「OK」ボタンをクリックして完成です。

角丸正方形も描き方は同じだよ。

Step 3　コーナーウィジェットを使う

長方形ツール ▢ で長方形を描いた後に角丸を設定します。

コーナーウィジェットを表示させる

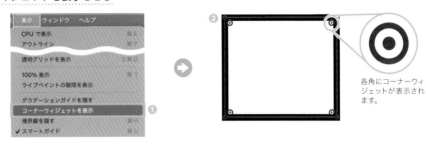

各角にコーナーウィジェットが表示されます。

1 メニューバー「表示」➡「コーナーウィジェットを表示」を選択します。

2 Step1 (P.27) と同じように長方形を描きます。

全体の角を丸くする

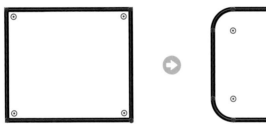

1 ▶ で ドラッグ

四隅の角が丸くなります。

1 選択ツール ▶ に切り替え、長方形の四隅に表示されている二重丸 ◉ を内側へドラッグして角を丸くします。

1つの角だけ丸くする

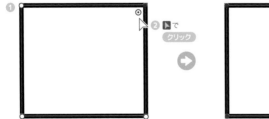

1

2 ▶ で クリック

3 そのまま ドラッグ

1つの角だけ丸くなります。

1 Step1 の要領で長方形を描きます。

2 ダイレクト選択ツール ▷ に切り替え、角のアンカーポイントを1つだけクリックします（1つの角だけ選択された状態にします）。

3 1つの角に表示されている二重丸 ◉ を内側へドラッグして、角を丸くします。

STEP UP TOPICS

ダイレクト選択ツール▶の状態で、コントロールバーに数値を入力できます。

コントロールバー

└─ ▶で 数値入力

二重丸◉をダブルクリックして［コーナー］ダイアログボックスを
表示させ、数値を入力します。
数値入力をすると、別々に指定したいときや数値で管理したいとき
に便利です。

[コーナー]ダイアログボックス

数値を入力します。

また、［コーナー］ダイアログボックスで角の形を変更することもできます。

角丸（外側）

角丸（内側）

面取り

角丸長方形は Step2 よりも Step3 の方が
スムーズに作れるよ！
Step2 の方法で作ってライブコーナーで
編集するなど、自分の使いやすい方法を
見つけよう。

Lesson

04 | 楕円、正円を描く

Key Point
- 楕円形ツールを使った、楕円形の描き方を習得します。
- 楕円形ツールを使った、正円の描き方を習得します。
- 数値を入力して、細かく楕円や正円の大きさを指定します。

Step 1　楕円形、正円を描く

楕円形ツール

ドラッグや数値を指定して楕円形や正円を描く。

❖ **左上の始点と右下の終点を
縦横それぞれを直径とした楕円形**

❶ 楕円形ツール ◯ でクリックし、そのまま右下へドラッグして離します。

❖ **クリックした箇所を始点に中心から楕円形を描く**

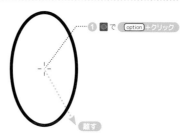

❶ option を押しながらクリックし、そのまま右下へドラッグして離します。

👍 option はドラッグの途中で押してもOK。

❖ **左上の始点と右下の終点を直径とした正円**

❶ shift を押しながらクリックし、そのまま右下へドラッグして離します。

👍 shift はドラッグの途中で押してもOK。

❖ **クリックした箇所を始点に中心から正円を描く**

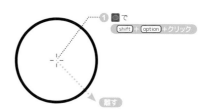

❶ shift + option を押しながらクリックし、そのまま右下へドラッグして離します。

👍 shift + option はドラッグの途中で押してもOK。

⁂ **クリックした箇所を始点にし
右下方向へ幅50mm×高さ70mmの楕円形**

[楕円形]ダイアログボックス

① 楕円形ツール ◎ でクリックします。

② [楕円形] ダイアログボックスが表示されるので、「縦横比固定」アイコンをクリックしてオフ 🔓 にします。

③ 「幅」「高さ」に任意の数値を入力します。

　幅：50mm　高さ：70mm

④ 「OK」ボタンをクリックして完成です。

正円も描き方は同じだよ。
長方形と同じように数値で作成するときは、縦横比固定のオンオフを切り替えるよ。

05 | 多角形、星を描く

Key Point
- 多角形ツールを使った、多角形の描き方を習得します。
- 辺の数（頂点の数）を設定して、思い通りの多角形を描きます。
- スターツールを使って、いろいろな星形を描きます。

Step 1 | 多角形を描く

多角形ツール

トフックして多角形を描く。

※初期設定は六角形です。

多角形を描きながら shift を押すと
垂直水平を保つことができるよ！

中心から多角形を描く

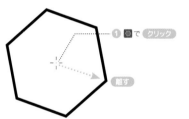

① ◉で クリック
離す

① 多角形ツール ◉ でクリックし、そのまま右下へドラッグして離します。

中心から垂直水平を保った多角形を描く

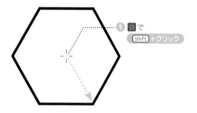

① ◉で
shift +クリック

① shift を押しながらクリックし、そのまま右下へドラッグして離します。
👍 shift はドラッグの途中で押してもOK。

辺の数（＝頂点の数）を変更しながら多角形を描く

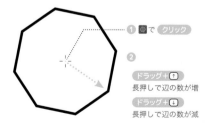

① ◉で クリック
②
ドラッグ+⬆
長押しで辺の数が増
ドラッグ+⬇
長押しで辺の数が減

① 多角形ツール ◉ でクリックします。
② そのまま右下へドラッグしながら、キーボードの矢印キー ⬆⬇ を押し辺の数を決めます。
👍 ⬆ を長押しした分だけ辺の数が増える。⬇ を長押しした分だけ辺の数が減る（最小は3辺）。

数値や頂点の数を指定して多角形を描く

① ◉で クリック

② 多角形
半径：20 mm
辺の数：⬍8
キャンセル OK ③

① 多角形ツール ◉ でクリックします。
② [多角形] ダイアログボックスに半径と辺の数を入力します。
③ 「OK」ボタンをクリックして完成です。

Step 2 星形を描く

スターツール

ドラッグして星形を描く。

☀ 中心から星形を描く

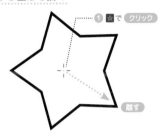

1 スターツール ☆ でクリックし、そのまま右下へドラッグして離します。

☀ 星形の形を変えて描く

1 ドラッグの途中で command を押して、第1半径と第2半径の大きさを決めます。

👆 星の大きさを変えたい場合はいったん command を離す。

☀ 中心から垂直水平を保った星形を描く

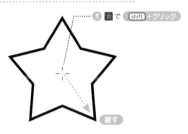

1 shift を押しながらクリックし、そのまま右下へドラッグして離します。

👆 shift はドラッグの途中で押してもOK。

☀ 各辺を一直線上に揃えた星形を描く

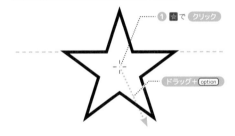

2 ドラッグの途中で option を押すと、辺が一直線上の星形になります。

👆 option はドラッグの途中で押してもOK。

STEP UP TOPICS

多角形と同様に、ドラッグしながら辺の数を変えたり、数値入力で半径や頂点の数を指定することができます。

[スター]ダイアログボックス

図形描画ツール(線、長方形、楕円形、多角形、スター)は、ドラッグで描画している途中に space キーを押し続けると、図形の移動ができるよ!

STEPUP TOPICS

その他の図形を描画するツール

● スパイラルツール

らせんが描けます。ドラッグの始点がらせんの中心になり、ドラッグする方向によってらせんの角度が調節できます。shift キーを押しながらドラッグすると、らせんの回転角度を45度刻みに限定できます。

● 長方形グリッドツール囲、同心円グリッドツール◎

ドラッグで長方形や同心円のグリッドを描画できます。描画中に矢印キーを押してグリッド数を増減できます。

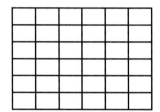
長方形グリッドツール

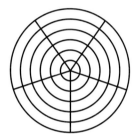
同心円グリッドツール

● フレアツール

太陽光を描画できます。はじめのドラッグで光輪の大きさを指定し、リングを描画する場所にカーソルを移動して、2回目のドラッグでリングの位置を指定します。

06 破線を描く

Key Point
- これまでに習った図形描画ツールの設定を変更して、実線を破線にする方法を習得します。
- 設定を調整して、点線を描きます。

Step 1 破線を描く

　図形描画ツール（直線 ✏、ペン ✒、長方形 ▢、楕円形 ◯、多角形 ◯、スター ☆）で描いた実線に一定間隔で隙間の入った線を描きます。

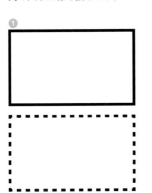

[線] パネル

POINT

「オプションを表示」を選択すると破線の設定パネルが表示されます。

❶ 長方形ツール ▢ で長方形を描きます。

❷ [線] パネルの「破線」にチェックを入れます。

❸ 「線分」と「間隔」に、それぞれ数値を入力します。

※破線チェックボックスが表示されていない場合は、パネル右上のメニューから「オプションを表示」を選択します。

POINT

線端を丸型、線分を「0」に設定すると点線が作れます。

STEPUP TOPICS

[線] パネルの「破線」チェックボックス横のアイコンをクリックすると、コーナーや線端の処理を変更できます。

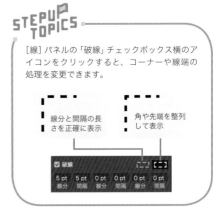

線分と間隔の長さを正確に表示

角や先端を整列して表示

Work 01 練習問題

直線と図形だけで絵を描く

Sample File Work_01.ai

完成見本を参考に、グレー部分をなぞって線や図形を描いてみましょう。慣れてきたら、なぞらずに描けるかチャレンジしましょう。

練習 A 直線ツールと楕円形ツールでお団子を描こう

使用ツール

直線ツール
（P.24参照）

shift を押しながら
楕円形ツールで正円を描く

見本

Hint

お団子をすべて同じ大きさにするのがポイント！
［楕円形ツール］ダイアログボックスを表示させて、数値を入力してもいいけど、1つの円を描いたらコピー（P.74参照）するのが一番ラクだね。

練習 B ペンツールで山を描こう

使用ツール

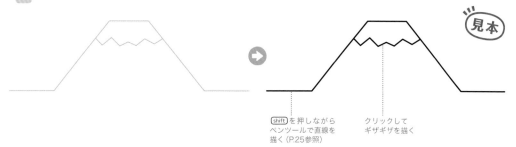

見本

shift を押しながら
ペンツールで直線を
描く（P.25参照）

クリックして
ギザギザを描く

※Illustratorの初期設定では、オブジェクトのパスとアンカーポイントが交差する位置ではガイドが表示されます。

練習C 楕円形ツールと直線ツールで車輪を描こう

使用ツール

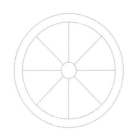

楕円形ツール（P.31参照）で
正円を描くときは、shift を
押しながらドラッグ

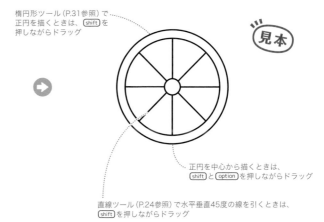

正円を中心から描くときは、
shift と option を押しながらドラッグ

直線ツール（P.24参照）で水平垂直45度の線を引くときは、
shift を押しながらドラッグ

練習D 多角形ツール、長方形ツール、直線ツール、楕円形ツールで家を描こう

使用ツール

多角形ツール（P.33参照）
［多角形］ダイアログボックスの「辺の数」で
「3」を設定

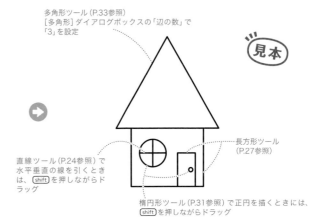

長方形ツール
（P.27参照）

直線ツール（P.24参照）で
水平垂直の線を引くとき
は、shift を押しながらド
ラッグ

楕円形ツール（P.31参照）で正円を描くときには、
shift を押しながらドラッグ

※複数のオブジェクトの揃える位置を指定するときは、
［整列］パネルを使います（P.116参照）。

練習E 多角形ツール、楕円形ツール、直線ツールでてんとう虫を描こう

使用ツール

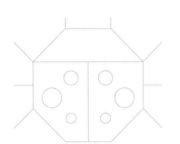

直線ツール（P.24参照）で水平垂直45度の線を引くときは、shift を押しながらドラッグ

見本

多角形ツール（P.33参照）
［多角形］ダイアログボックスの
「辺の数」で「8」を設定

楕円形ツール（P.31参照）で
正円を描くときは、shift を
押しながらドラッグ

練習F スターツールと直線ツールで流れ星を描こう

使用ツール

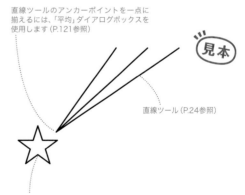

直線ツールのアンカーポイントを一点に
揃えるには、「平均」ダイアログボックスを
使用します（P.121参照）

見本

直線ツール（P.24参照）

スターツール（P.34参照）で水平線に接地する星（☆）を
描画するには、shift を押しながらドラッグ

練習G **スタツール、楕円形ツール、直線ツールで太陽を描こう**

使用ツール

スタツール
(P.34参照)

 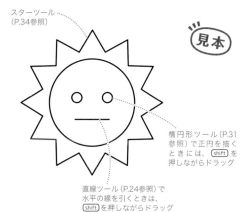

見本

楕円形ツール（P.31
参照）で正円を描く
ときには、[shift] を
押しながらドラッグ

直線ツール（P.24参照）で
水平の線を引くときは、
[shift] を押しながらドラッグ

 **Hint**

スタツールで描く星の頂点は12個！
時計盤をイメージするとわかりやすいね。

練習H **直線ツールで破線を描こう**

使用ツール

［線］パネル（P.36参照）で
破線を設定する

  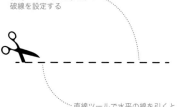

見本

直線ツールで水平の線を引くときは、
[shift] を押しながらドラッグ

 Hint

［線］パネルの「線分」と「間隔」にそれぞれ数値を
入力すると、破線部分をカスタマイズできるよ。

自由に図形を描こう

Lesson

01 ｜ 曲線を描く

Key Point
- ● 簡単に曲線が描ける「円弧ツール」の操作を習得します。
- ● クリックするだけで曲線が描ける「曲線ツール」の操作を習得します。

Step 1 ｜ **曲線を描く**

円弧ツール

ドラッグや数値入力で円弧を描く。

始点から終点までの曲線

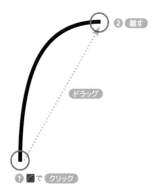

② 離す
ドラッグ
① 〳 で クリック

両端へ伸びる曲線

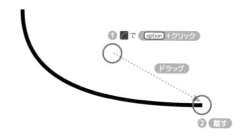

① 〳 で option +クリック
ドラッグ
② 離す

① 円弧ツール 〳 でクリックします（離さない）。
② クリックしたまま右上へドラッグして離します。
③ 描き終えたら command を押しながら何もないところをクリックします※。

① option を押しながらクリックします（離さない）。
👍 option はドラッグの途中で押してもOK。
② そのまま右下へドラッグして離します。
③ 描き終えたら command を押しながら何もないところをクリックします※。

※一時的に選択ツール（ダイレクト選択ツール）に切り替わります。

円弧ツールの操作は、
ほとんど直線ツール
（P.24）と同じだね！

❂ 始点と終点を45度で結んだ曲線

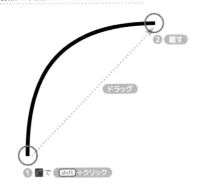

2 離す

ドラッグ

① ✎ で shift +クリック

1 shift を押しながらクリックします（離さない）。

👍 shift はドラッグの途中で押してもOK。

2 そのまま右上へドラッグして離します。

3 描き終えたら command を押しながら何もないところをクリックします。

※一時的に選択ツール（ダイレクト選択ツール）に切り替わります。

ドラッグしながらキーボードの矢印キー ↑ ↓ を押すと、曲線のふくらみを調整できます。

❂ 始点と終点を45度で結び両端へ伸びる曲線

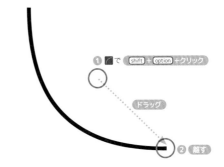

① ✎ で shift + option +クリック

2 離す

ドラッグ

1 shift + option を押しながらクリックします（離さない）。

👍 shift + option はドラッグの途中で押してもOK。

2 そのまま右下へドラッグして離します。

3 描き終えたら command を押しながら何もないところをクリックします。

※一時的に選択ツール（ダイレクト選択ツール）に切り替わります。

曲線ツール

クリックした箇所を頂点に自動で曲線を描く。

❂ ❶❷❸❹ の順にクリックする

2 クリック

4 クリック

① ✎ で クリック

3 クリック

曲線ツールはすばやく曲線が描けるけど、線のふくらみ方は自動で描かれるよ。

Lesson

02 ペンツールで線を描く

Key Point
- Illustratorの特徴の1つである、「ペンツール」の操作を習得します。
- ベジェ曲線を使いこなせるようになれば表現の幅が広がります。

Step 1 ## 思い通りの曲線を描く

ペンツール

ベジェ曲線を使って描く。

P.23「パスの構造」でも触れたけど、パスには2つの種類があるよ。
1. **オープンパス**（始点と終点が繋がっていない）
2. **クローズパス**（始点と終点が繋がっている）

▶ **オープンパス**

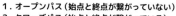
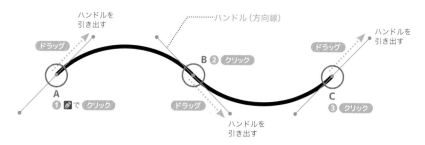

① 始点**A**からドラッグでハンドル（方向線）を出し、長さと角度を調整します（離す）。

② **B**をドラッグでハンドルを出し、線の長さと角度を調整します（離す）。

③ 終点**C**をドラッグして波型の線を描きます。

④ 曲線を描き終えたら、command を押しながら何もないところをクリックします。
※一時的に選択ツール（ダイレクト選択ツール）に切り替わります。

オープンパスの状態でペンツールの線を終わらせる方法は他にもあるよ。
- return （enter）キーを押す
- esc キーを押す
- 別のツールに切り替える

✿ アンカーポイントとハンドルの操作

きれいな曲線を描くためにはアンカーポイントとハンドルを調整する必要があります。

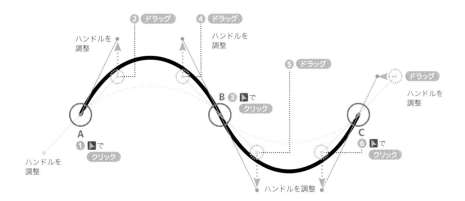

① 先ほど描いた線のポイント **A** をダイレクト選択ツール ▶ でクリックします。

② **A** を基準に両端へ伸びたハンドルの先端をドラッグして、長さと角度を調整します。

③ **B** をダイレクト選択ツール ▶ で選択します。

④ **B** のハンドルの先端をドラッグして、曲線の長さと角度を調整します。

⑤ **B** の反対側のハンドルも先端をドラッグして、曲線の長さと角度を調整します。

⑥ **C** をダイレクト選択ツール ▶ で選択し、ハンドルの先端をドラッグで長さと角度を調整します。

⑦ 曲線を描き終えたら、command を押しながら何もないところをクリックします。

※一時的に選択ツール（ダイレクト選択ツール）に切り替わります。

▶ クローズパス

ハンドルを引き出す

⑤ ドラッグ

ここでパスを閉じる

A ① ドラッグ

B ② ドラッグ

ハンドルを引き出す

⑤ ドラッグ

D ④ ドラッグ

ハンドルを引き出す

C ③ ドラッグ

ハンドルを引き出す

> パスを閉じる際、ペンツールアイコンの右下に小さい丸（🖊）が表示されるよ。

① 始点 **A** からドラッグでハンドル（方向線）を出します。

② **B** をドラッグで次のハンドルを出し、線の長さと角度を調整します。

③ **C** も同じ要領でドラッグで描きます。

④ **D** も同じ要領でドラッグで描きます。

⑤ 再び **A** をクリックしてパスを閉じ、離さずにドラッグしてハンドルの長さを調整します。

⑥ 描き終えたら、command を押しながら何もないところをクリックします。

※一時的に選択ツール（ダイレクト選択ツール）に切り替わります。

Step 2 | 直線と曲線を組み合わせて線を描く

直線から曲線のオープンパス

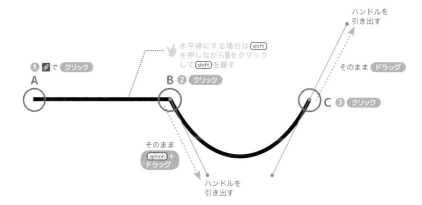

① 始点Aをクリックします（離す）。

② Bをクリックしたまま option を押しながら右下にドラッグし、ハンドルの長さと角度を調整します（離す）。

③ Cをドラッグして、ハンドルの長さと角度を調整します。

④ 描き終えたら、 command を押しながら何もないところをクリックします。
※一時的に選択ツール（ダイレクト選択ツール）に切り替わります。

直線から曲線のクローズパス

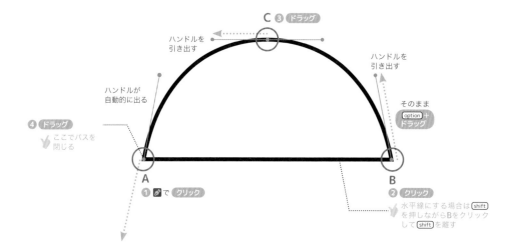

① 始点Aをクリックします（離す）。

② Bをクリックしたまま option を押しながらドラッグし、ハンドルの長さと角度を調整します（離す）。

③ Cをドラッグして、ハンドルの長さと角度を調整します（離す）。

④ Aをドラッグしてハンドルを出し、線の長さと角度を調整してパスを閉じます。

⑤ 曲線を描き終えたら、 command を押しながら何もないところをクリックします。
※一時的に選択ツール（ダイレクト選択ツール）に切り替わります。

曲線から直線のオープンパス

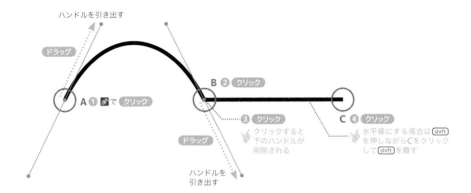

ハンドルを引き出す

ドラッグ

A ① ✒️で クリック

B ② クリック

C ④ クリック

③ クリック
クリックすると
下のハンドルが
削除される

ドラッグ

ハンドルを
引き出す

水平線にする場合は shift
を押しながらCをクリック
して shift を離す

① 始点**A**をドラッグしてハンドルを出し、線の長さと角度を調整します（離す）。

② **B**をドラッグしてハンドルを出し、線の長さと角度を調整します（離す）。

③ もう一度**B**をクリックして、ハンドルを半分消去します。

④ **C**をクリックします（離す）。

⑤ 描き終えたら、[command]を押しながら何もないところをクリックします。

※一時的に選択ツール（ダイレクト選択ツール）に切り替わります。

曲線から直線のクローズパス（角で閉じる）

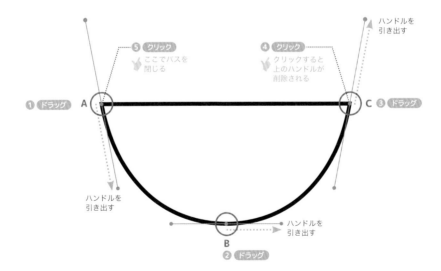

⑤ クリック
ここでパスを
閉じる

④ クリック
クリックすると
上のハンドルが
削除される

ハンドルを
引き出す

① ドラッグ　A

C ③ ドラッグ

ハンドルを
引き出す

ハンドルを
引き出す

B
② ドラッグ

① 始点**A**をドラッグしてハンドルを出し、長さと角度を調整します（離す）。

② **B**をドラッグしてハンドルを出し、線の長さと角度を調整します（離す）。

③ **C**をドラッグしてハンドルを出し、線の長さと角度を調整します（離す）。

④ もう一度**C**をクリックして、ハンドルを半分消去します。

⑤ **A**をクリックしてパスを閉じます。

⑥ 描き終えたら、[command]を押しながら何もないところをクリックします。

※一時的に選択ツール（ダイレクト選択ツール）に切り替わります。

曲線から曲線のオープンパス

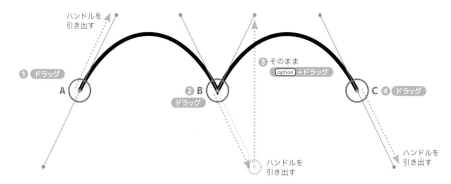

1. 始点**A**をドラッグしてハンドルを出し、長さと角度を調整します（離す）。
2. **B**をドラッグしてハンドルを出し、線の長さと角度を調整します。（離さない）
3. そのまま option を押して**B**のハンドルの方向を変え、長さと角度を調整します（離す）。
4. **C**をドラッグしてハンドルを出し、線の長さと角度を調整します。
5. 描き終えたら、 command を押しながら何もないところをクリックします。
   ※一時的に選択ツール（ダイレクト選択ツール）に切り替わります。

曲線から曲線のクローズパス（角で閉じる）

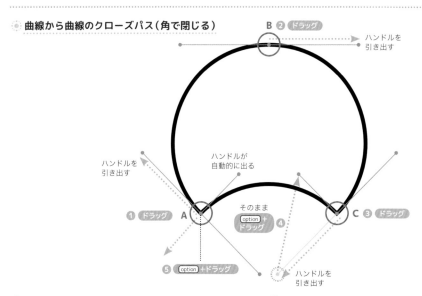

1. 始点**A**をドラッグしてハンドルを出し、長さと角度を調整します（離す）。
2. **B**をドラッグしてハンドルを出し、線の長さと角度を調整します（離す）。
3. **C**をドラッグしてハンドルを出し、線の長さと角度を調整します（離さない）。
4. そのまま option を押して**C**のハンドルの方向を変え、長さと角度を決めます（離す）。
5. option を押しながら**A**をドラッグしてハンドルを出し、線の長さと角度を調整してパスを閉じます。

5. 描き終えたら、 command を押しながら何もないところをクリックします。
   ※一時的に選択ツール（ダイレクト選択ツール）に切り替わります。

STEP UP TOPICS

ハンドルを上下左右にドラッグして、どのくらいの長さと角度をつけると線がどんな長さと角度になるのか、ゆっくり試しながら描いてみましょう。

Sample File Ch03_03.ai

03 | フリーハンドで線を描く

Key Point
- マウスの動きに合わせてフリーハンドで線が描ける「鉛筆ツール」「ブラシツール」の操作を習得します。
- 「塗りブラシツール」で描いた線はオブジェクトになることを理解します。

Step 1 　思い通りの曲線を描く

鉛筆ツール

紙に鉛筆で描いたような線を描く。

新たに描く

① ✎で クリック　② 離す

① 鉛筆ツール ✎ に切り替え、ドラッグで描いていきます。
② ドラッグをしている間は線が続き、離すと描き終えます。

繋げて描く

① ▶で クリック　② ✎で ドラッグ

① 選択ツール ▶ でオープンパスを選択します。
② 鉛筆ツール ✎ に切り替え、オブジェクトの終点にカーソルを近づけてアイコンの右下にスラッシュ ✎ がついたら、ドラッグで続きを描きます。

クローズパスを描く

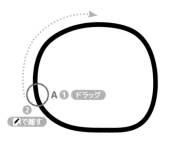
A① ドラッグ
② ✎で離す

① A点からドラッグで描き始めます。
② A点にカーソルを近づけるとアイコンの右下に ✎ が出たらドラッグを離します。

POINT

鉛筆ツール ✎ は、自動的にアンカーポイントを追加してくれます。鉛筆ツール ✎ のアイコンをダブルクリックすると、[鉛筆ツールオプション]ダイアログボックスが表示され、設定を変更できます。

ブラシツール

 ブラシや絵筆のような線を描く。

 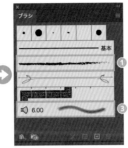 

① メニューバー「ウィンドウ」から「ブラシ」を選択し、[ブラシ]
パネルからお好みのブラシを選択します。ここでは木炭画ぼか
しを選びました。

② ブラシツール に切り替え、ドラッグで描いていきます。
👉 基本的な使い方は鉛筆ツールと同じです。

③ [ブラシ] パネルで違う種類のブラシに変更できます。
（例：モップ）

> [ブラシ]パネルからブラシの種類
> を選ぶことができるよ。
> 慣れてきたら、オリジナルブラシ
> を作ることもできちゃう！

スムーズツール

 鉛筆ツールやブラシツールで描いた線を滑らかにする。

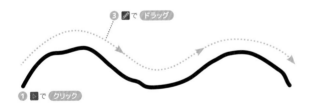

① 鉛筆ツール やブラシツール で描いた線を選択します。

② スムーズツール に切り替えます。

③ 線の上をなぞるようにドラッグします。なぞる動作を何度か繰
り返して線を滑らかにします。

④ アンカーポイントの数や間隔を自動調整すると、より滑らかな
線になります。

POINT
スムーズツール のアイコンをダブルク
リックすると [スムーズツールオプション]
ダイアログボックスが表示され、設定を変
更できます。

> 思うようにパスが動
> かない場合は、精度
> を変更してみよう！

塗りブラシツール

パスではなくクローズパスオブジェクト（塗りオブジェクト）として、線や図形が描ける。

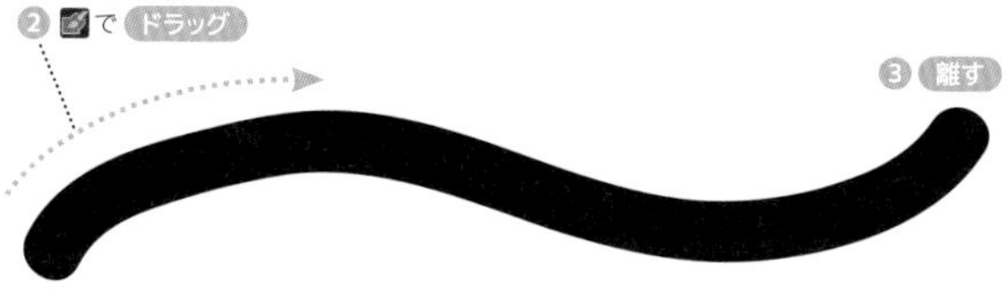
2 で ドラッグ
3 離す

1. 塗りブラシツールに切り替えます。
2. ドラッグで線を描きます。
3. クリックを離すと、クローズパスオブジェクト（塗りオブジェクト）で描かれます。

POINT

［塗りブラシツールオプション］ダイアログボックスでできること

・塗りブラシツールをダブルクリックすると、［塗りブラシツールオプション］ダイアログボックスが表示され、設定を変更できます。
・選択されているオブジェクトに重ねて描き足すと、オブジェクトが結合されます。
※結合されない場合は塗りブラシツールオプションを変更します。

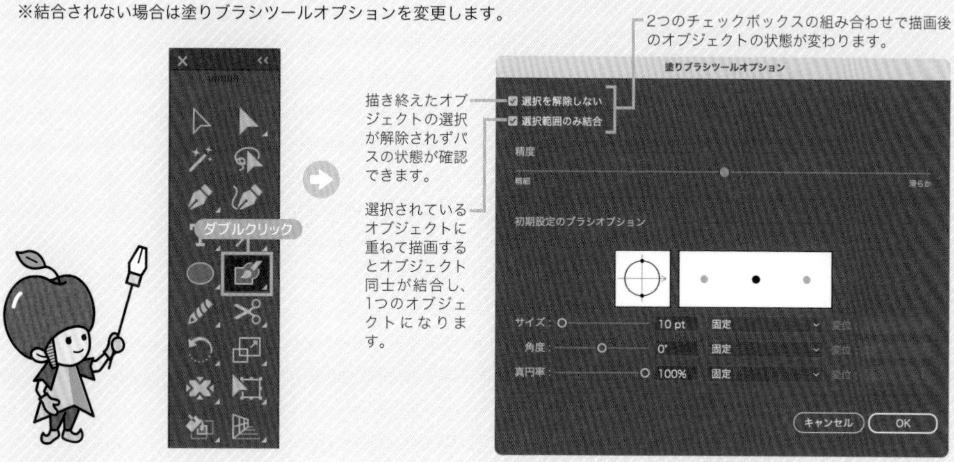
2つのチェックボックスの組み合わせで描画後のオブジェクトの状態が変わります。
描き終えたオブジェクトの選択が解除されずパスの状態が確認できます。
選択されているオブジェクトに重ねて描画するとオブジェクト同士が結合し、1つのオブジェクトになります。
ダブルクリック
塗りブラシツールオプション
選択を解除しない
選択範囲のみ結合
精度
精細
滑らか
初期設定のブラシオプション
サイズ：
10 pt
固定
変位
角度：
0°
固定
変位
真円率：
100%
固定
変位
キャンセル
OK

STEPUP TOPICS

- フリーハンドで描いた少しラフ感のある図形や線を描きたいときに使用します。
- 細かい部分の微調整には、アンカーポイントやハンドルを操作しましょう。
- 数値指定やきれいな図形や線を書く場合は、図形ツール（長方形、楕円形、多角形、スター）やペンツールがおすすめです。
- 鉛筆ツール、ブラシツール、塗りブラシツールは、shiftを押しながらドラッグすると水平垂直45度の直線を描くことができます。

Lesson

04 | 図形を消す、切る

Key Point
- オブジェクトを消す「消しゴムツール」の使い方を習得します。
- 「はさみツール」はパスを、「ナイフツール」はオブジェクトを切ると覚えます。

Step 1 オブジェクトを消す方法

消しゴムツール

オブジェクトをフリーハンドで消す。

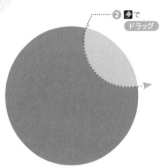

2 ◆ で ドラッグ

3

ダブルクリック

4

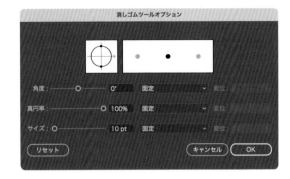

消しゴムツールオプション

角度 : ──○──── 0° 固定 変位

真円率 : ────○ 100% 固定 変位

サイズ : ○──── 10 pt 固定 変位

リセット　　　　　　　　　　キャンセル　OK

① オブジェクトを用意します（選択しなくてもOK）。

② 消しゴムツール ◆ に切り替え、ドラッグでオブジェクトをなぞります。

③ 消しゴムツール ◆ の軌跡でオブジェクトが消え、パスが生成されます。

④ 消しゴムツール ◆ のアイコンをダブルクリックすると［消しゴムツールオプション］ダイアログボックスが表示され、消しゴムの形状やサイズを変更できます。

はさみツール

パスを切断する。

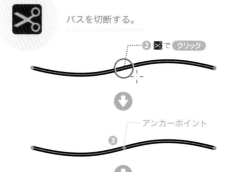

① オブジェクトを用意します（選択しなくてもOK）。

② はさみツール ✂ に切り替え、任意の位置でパスをクリックします。

③ パスにアンカーポイントが追加され、パスが切断されます。

④ 追加したアンカーポイントの位置で、オブジェクトが2つに分かれます。

ナイフツール

オブジェクトを切断する。

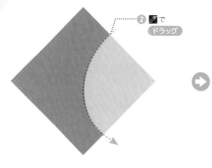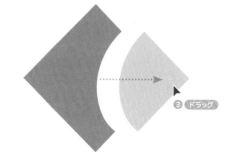

① オブジェクトを用意します（選択しなくてもOK）。

② ナイフツール ✎ に切り替え、ドラッグでオブジェクトをなぞります。

③ ナイフツールの軌跡に沿って、オブジェクトが切断されます。

ナイフツールは塗りのないオープンパスを切断することができないので、塗りに色をつけるかクローズパスにしよう！

STEPUP TOPICS

- 消しゴムツール 🖊
  - shift を押しながらドラッグをすると、水平垂直45度の直線で消すことができます。
  - option を押しながらドラッグをすると、長方形で消すことができます。

- はさみツール ✂
  元々あるアンカーポイントをクリックすると、アンカーポイントを追加せずに切断します。

- ナイフツール ✎
  option を押しながらドラッグをすると、直線で切断します。

Lesson

05 | アンカーポイントとハンドル操作

Key Point
- アンカーポイントの特性を理解して、適切なツールでオブジェクトを編集します。
- ハンドル（方向線）の操作とベジェ曲線を理解して、思い通りの曲線に編集します。

Step 1 | アンカーポイントの移動

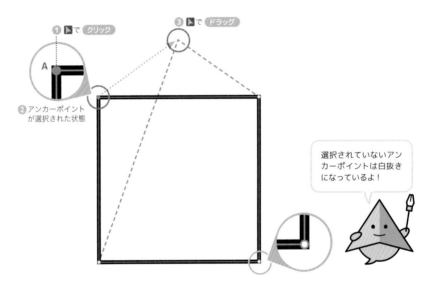

選択されていないアンカーポイントは白抜きになっているよ！

1 ダイレクト選択ツール ▶ でAをクリックします（離す）。

2 クリックして選択したアンカーポイントが塗りつぶされていることを確認します。

3 ダイレクト選択ツール ▶ で選択したアンカーポイントをドラッグして移動します（離す）。

STEPUP TOPICS

- アンカーポイントは、キーボードの矢印キー ↑ ↓ ← → で微調整したり、[移動] ダイアログボックス（P.73参照）で数値移動できます。
- ドラッグの際、shift を押しながら移動させると角度を固定できます。（shift は後から押します）
- アンカーポイントはドラッグで囲んで選択したり、shift を押しながら複数選択することができます。

Step 2 アンカーポイントの追加、削除、消去

アンカーポイントの追加ツール

パス上にアンカーポイントを追加する。

アンカーポイントの追加

②🖊️で クリック

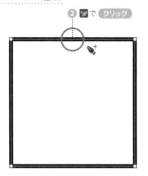

③▶で ドラッグ

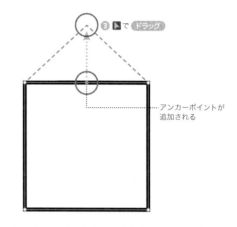

アンカーポイントが
追加される

① アンカーポイントの追加ツール🖊️に切り替えます。

② オブジェクトのパス上にある、任意の場所をクリックします。

③ アンカーポイントが追加されたら、ダイレクト選択ツール▶で移動してみましょう。

アンカーポイントの削除ツール

パス上にあるアンカーポイントを削除する。

アンカーポイントの削除

②🖊️で クリック

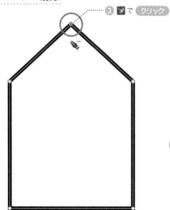

③

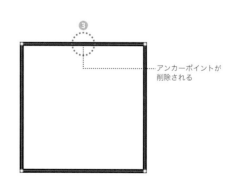

アンカーポイントが
削除される

① アンカーポイントの削除ツール🖊️に切り替えます。

② 削除したいアンカーポイントをクリックします。

③ クローズパスのまま、アンカーポイントが削除されていることを確認します。

❋ アンカーポイントの消去

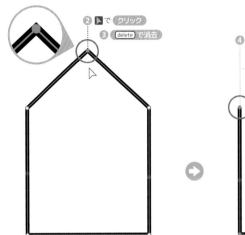

② ▶ で クリック
③ delete で消去

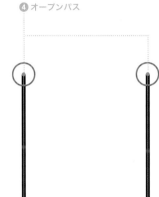

④ オープンパス

① ダイレクト選択ツール ▶ に切り替えます。

② 消去したいアンカーポイントをクリックして選択します。

③ 選択したアンカーポイントが塗りつぶされていることを確認できたら、キーボードの delete を押して消去します。

④ オープンパスになっていることを確認します。

STEP UP TOPICS

- アンカーポイントの追加と削除は、オブジェクトが選択されている状態に限りペンツールのままでも自動的に切り替わります。

- アンカーポイントの消去は複数選択して消去することができます。

アンカーポイントの「削除」は、アンカーポイントを**減らす**！
アンカーポイントの「消去」は、アンカーポイントを**消す**！

Step 3　ハンドル（方向線）の操作

アンカーポイントツール

アンカーポイントを後から編集する。

✧ アンカーポイントを基準にスムーズな曲線で編集する

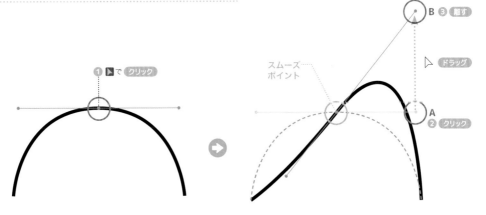

① ダイレクト選択ツール ▶ で、アンカーポイントをクリックして選択します。

② ハンドルの先端 **A** をドラッグして上に動かします（離さない）。

③ 曲線の動きを見ながら **B** 点までドラッグします（離す）。

④ ハンドルの長さや角度によって、曲線のたわみ具合が変化します。

✧ アンカーポイントを基点にコーナーから曲線を編集する

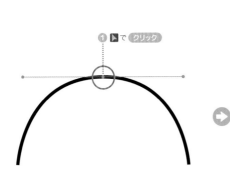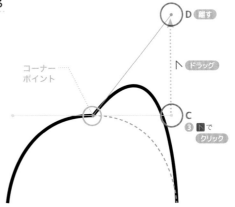

① ダイレクト選択ツール ▶ でアンカーポイントをクリックして選択します。

② アンカーポイントツール ▶ に切り替えます。

③ ハンドルの先端 **C** をドラッグして上に動かし、曲線の動きを見ながら **D** 点までドラッグします。

④ 選択したアンカーポイントが基点のコーナー（角）になり、曲線が編集できました。

Lesson

05

アンカーポイントとハンドル操作

57

☀ スムーズポイントとコーナーポイントの切り替え

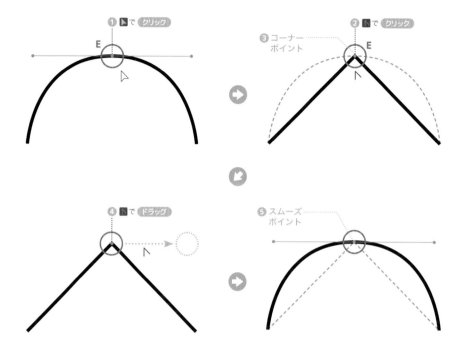

① 　ダイレクト選択ツール ▶ でアンカーポイント E をク
リックして選択します。

② 　アンカーポイントツール ▶ に切り替え、再度アンカー
ポイント E をクリックします。

③ 　両端に伸びていたハンドルがなくなり、スムーズポイ
ントがコーナーポイントに変わります。

④ 　アンカーポイントツール ▶ でコーナーポイントを右に
ドラッグします。

⑤ 　コーナーポイントからハンドルが現れ、スムーズポイ
ントに変わります。

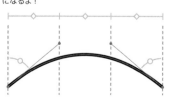

きれいな曲線を描くコツ

ハンドルをセグメント（P.22参照）の3分の1程
度の長さにして角度を揃えると、きれいな曲線
になるよ！

STEP UP TOPICS

- ハンドルを片方だけなくしたい場合は、ダイレクト選
択ツール ▶ かアンカーポイントツール ▶ でハンドル
の先端をアンカーポイントにドラッグします。

- shift を押しながらハンドルをドラッグすると、角度
を固定してハンドルの長さを調節できます。

- スムーズポイントとコーナーポイントは、コントロー
ルパネルで切り替えることもできます。

Lesson

06 | 線を調整する

Key Point
- [線]パネルで、線の幅や線端の処理、角の形状などを設定します。
- 線を矢印にします。
- 線幅ツールを使って描いたパスに強弱をつけます。

◎ [線]パネルの詳細

オブジェクトを選択して、[線] パネル内の各項目を変更します。

① 線幅を変更する。
👍 Chapter2 Lesson02「線の設定を変更する」(P.26参照)

② 線の端の処理を変更する。

③ 角の形状を変更する。

④ 線の位置を変更する

⑤ 破線（点線）を適用する。
👍 Chapter2 Lesson06「破線を描く」(P.36参照)

⑥ 線に矢印を適用する。
👍 下記参照

⚙ 矢印を設定する

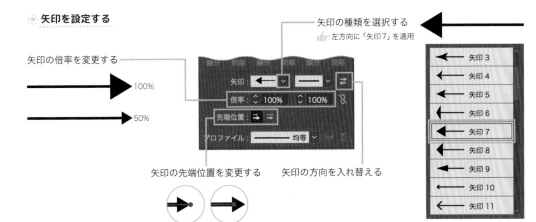

矢印の倍率を変更する

矢印の種類を選択する
👍 左方向に「矢印7」を適用

矢印の先端位置を変更する　　矢印の方向を入れ替える

矢印 3
矢印 4
矢印 5
矢印 6
矢印 7
矢印 8
矢印 9
矢印 10
矢印 11

線幅ツール

描いたパスの線幅を自由に変える。

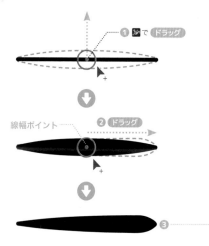

① 🖌 で ドラッグ

線幅ポイント

② ドラッグ

③

[線]パネル

① 線幅ツール 🖌 に切り替え、線オブジェクトの幅を変更したい部分をドラッグします。

② 線幅を変更した箇所をドラッグすると、線幅ポイントの位置を変更できます。

③ 線幅を変更した線は、[線] パネルのプロファイルに登録されます。

STEPUP TOPICS

線幅ポイントをダブルクリックすると、線幅ポイントの削除や線幅を数値で管理できます。

ダブルクリック

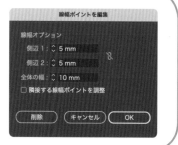

線幅ポイントを編集

線幅オプション
側辺 1 : 5 mm
側辺 2 : 5 mm
全体の幅 : 10 mm
□ 隣接する線幅ポイントを調整

削除   キャンセル   OK

POINT

線幅ツール 🖌 を使うと、簡単に線に強弱をつけることができます。

Work 02 練習問題

自由に線を描き調整する

Sample File　Work_02.ai

完成見本を参考に、グレー部分をなぞって線や図形を描いてみましょう。思い通りの線になるように、ハンドル操作をしましょう。

練習A ペンツールでベジェ曲線を使って葉っぱを描こう

使用ツール

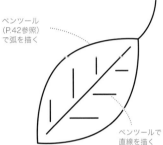

見本

ペンツール
（P.42参照）
で弧を描く

ペンツールで
直線を描く

Hint
葉っぱの形や茎は円弧ツール🖊で、葉脈は直線ツール🖊でも描くことができるよ！　自分が使いやすいツールを選ぼう。

練習B ペンツールと楕円形ツールで船を描こう

使用ツール

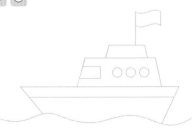

見本

楕円形ツール
（P.31参照）

ペンツール
（P.44参照）で
直線を描く

ペンツールで
曲線を描く

Hint
波を表現する連続した曲線は、鉛筆ツール🖊でも描くことができるよ。

練習C **ペンツールと楕円形ツールでタコを描こう**

使用ツール

見本

楕円形ツール
(P.31参照)

ペンツール
(P.44参照)

※オブジェクトのアウトラインは、クローズパスで
作成しましょう(P.18参照)。

練習D **ペンツールで写真をなぞってイラストにしよう**

使用ツール

見本

元の素材

ペンツール(P.44
参照)で元の素材
の輪郭をなぞって
いく

塗りを設定する
(P.160参照)

Hint

物体の、どの線を描いてど
の線を描かないかを判断し
ながら描いてみよう!

Hint

パーツを分けて描
くと色塗りがしや
すくなるよ!

注意

写真をなぞって線画を描くことを一般的に「トレース」と言います。
トレースする際は、使う画像の利用規約や注意書きなどを読み、トレースしても問題ない
素材かどうかを確認して使用しましょう。

練習E ペンツールと楕円形ツールでピクトグラムを描こう

使用ツール

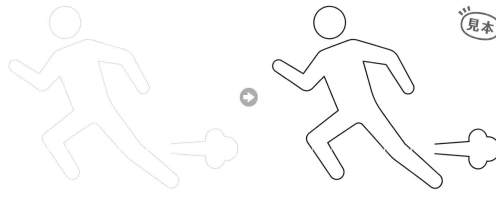

見本

Hint

ピクトグラムは、1つのパスに直線セグメントと曲線セグメントを交えて描画するよ。アンカーポイントを移動・削除したり、方向線を修正しながら、目的のオブジェクトを作成しよう。

ペンツールの扱いに慣れたら、いろいろなポーズのピクトグラムを描いてみよう！

Hint

丸みのある部分は必ずしもペンツールで描く必要はないよ。コーナーウィジェット（P.29参照）を使って処理ができる場合もあるから、使い分けて違いを理解していこう！

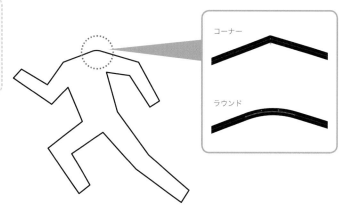

コーナー

ラウンド

練習F **楕円形ツールで円を描き、ナイフツールで円を切ろう**

使用ツール ナイフツールで描画できる切断線は、操作に慣れないと滑らかな曲線になりません。作業画面を拡大表示して（P.18参照）、ガイドの切り取り線を参考にゆっくりドラッグしてみましょう。

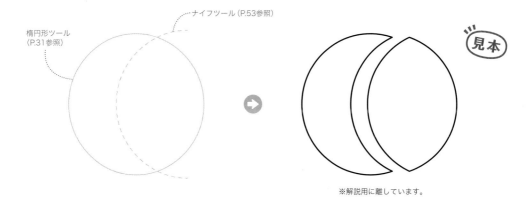

楕円形ツール
（P.31参照）

ナイフツール（P.53参照）

見本

※解説用に離しています。

練習G **線幅ツールとペンツールで矢印を描こう**

使用ツール

［線］パネル（P.59参照）で
矢印を追加する

見本

線幅ツールでだんだん
太くなるよう調整する

※矢印の線のベースとなっているパスは、楕円形ツール（P.31参照）で正円を描き、左上1/4の円弧のセグメントを削除して作成しています。

Hint

矢印は［線］パネルのオプション
から設定できるよ！

Chapter

4

移動と変形を使おう

Lesson

01 レイヤーを管理する方法

Key Point
- ● レイヤーの仕組みを理解します。
- ● 作業しやすいようにレイヤー名を変更する方法を身につけます。
- ● 作業内容に合わせてレイヤーを移動させる方法を身につけます。

Step 1 レイヤーってなに？

1つのファイルの中で、要素ごとに区分する階層のことを「レイヤー」といいます。透明のフィルム上にそれぞれの要素が描画されているイメージです。レイヤーを分けて作成することで、編集や共同作業がやりやすくなります。

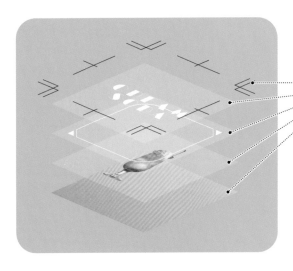

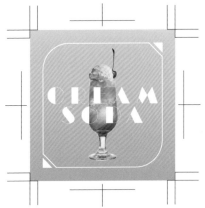

要素をレイヤーに分けておくと、データを修正するときに便利！

▶ レイヤーの各部名称

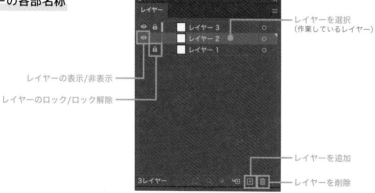

レイヤーを選択
（作業しているレイヤー）

レイヤーの表示/非表示

レイヤーのロック/ロック解除

レイヤーを追加

レイヤーを削除

▶ レイヤーの重なりの変更

選択しているレイヤーを上下にド
ラッグして、移動先で離します。

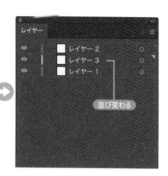

並び変わる

▶ レイヤーの名称変更

文字部分をダブルクリックでレイ
ヤーの名称を変更します。

ダブルクリック

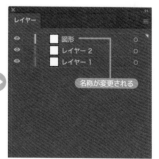

名称が変更される

STEPUP TOPICS

Mac ⇆ Windows 間や、バージョン互換で不具合が発生する可能性があります。
複数台のPCでファイルを共有する場合は、レイヤー名やファイル名をローマ字表
記にしておくと、文字化けなどのシステム不具合を防ぐことができます。

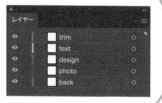

Lesson

02 | オブジェクトの選択と移動

Key Point
- 「図形の変形、配置の移動」といった操作は、オブジェクトの選択から始めます。
- 場面によって最適な選択や移動の方法を習得します。
- 仕組みを理解し基本を習得すると、正確で効率的に作業できるようになります。

Step 1 選択ツールの種類

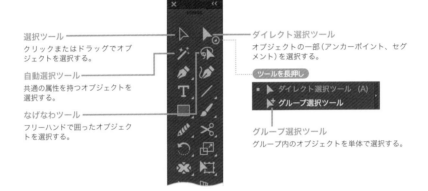

選択ツール
クリックまたはドラッグでオブジェクトを選択する。

自動選択ツール
共通の属性を持つオブジェクトを選択する。

なげなわツール
フリーハンドで囲ったオブジェクトを選択する。

ダイレクト選択ツール
オブジェクトの一部（アンカーポイント、セグメント）を選択する。

ツールを長押し
- ▷ ダイレクト選択ツール (A)
- ▷ グループ選択ツール

グループ選択ツール
グループ内のオブジェクトを単体で選択する。

選択ツール

オブジェクトやオブジェクトのグループを選択、移動、変更できる。

❶ ▷ で クリック
❷ ドラッグ

オブジェクトが移動しました。

❶ 選択ツール ▷ に切り替え、オブジェクトをクリックして選択します。

❷ ドラッグでオブジェクトを移動します。

shift を押しながらドラッグすると平行を保ったまま移動するよ！

ダイレクト選択ツール

特定のポイントやパスを選択、移動、または変更できる。

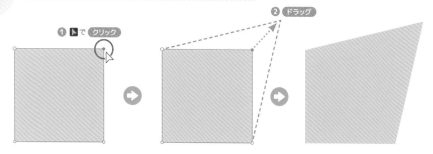

① ダイレクト選択ツール ▶ に切り替え、アンカーポイントをクリックして選択します。

② ドラッグでオブジェクトの一部を移動します。

グループ選択ツール

グループ化されたオブジェクトの中で選択、移動、変更できる。

※グループオブジェクトについては、P.77参照。

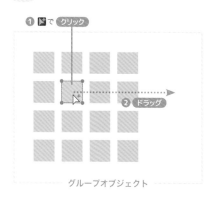

グループオブジェクト

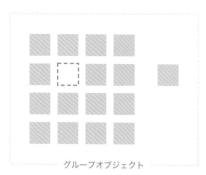

グループオブジェクト

グループオブジェクトの中で選択したオブジェクトを移動します。

① グループ選択ツール ▶ に切り替え、複数オブジェクトの中の１つを選択します。

② ドラッグで選択したオブジェクトのみ移動します。グループオブジェクトは解除されません。

▶ さまざまな選択方法

☀ 複数のオブジェクトを選択（1）

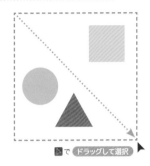

▶ で ドラッグして選択

選択ツール ▶ でドラッグして複数のオブジェクトを選択します。

☀ 複数のオブジェクトを選択（2）

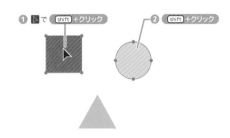

選択ツール ▶ で shift を押したまま複数のオブジェクトをクリックして選択します。

☀ オブジェクトの一部を選択

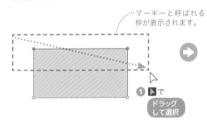

マーキーと呼ばれる枠が表示されます。

① ▶ で ドラッグ して選択

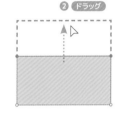

② ドラッグ

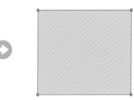

オブジェクトの一部が移動します。

① ダイレクト選択ツール ▶ でドラッグしてオブジェクトの一部を選択します。

② オブジェクトを選択した状態のまま、ドラッグでオブジェクトの一部を移動します。

自動選択ツール

自動で選択範囲を作る。

☀ 同じ色のオブジェクトを選択

1.ダブルクリック

[自動選択] パネル

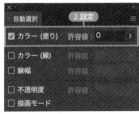

2.設定

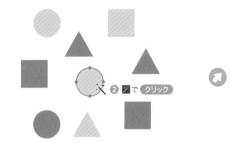

② ▶ で クリック

① [ツール] パネルにある自動選択ツール ✨ をダブルクリックして [自動選択] パネルを表示し、「カラー（塗り）」にチェックを入れて「許容値」を「0」にします。

② 自動選択ツール ✨ で選択したい色のオブジェクトを、1つ選択します。

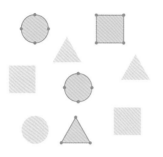

「許容値」とは、共通の属性として認識させるための数値のこと。数値を上げると選択される色の範囲が広がるよ。
まったく同じ色のオブジェクトだけ選択したい場合は「0」に設定しよう。

同じ塗り色のオブジェクトが選択されます。
※わかりやすくするため非選択オブジェクトは
　不透明度を下げています。

なげなわツール

 ドラッグして自由な形に選択範囲を指定する。

☀ 範囲を囲んで選択

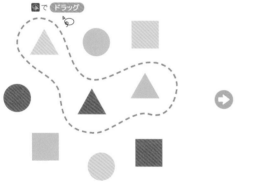

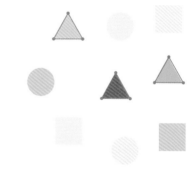

なげなわツール🔲でオブジェクトを囲って選択します。

囲んだオブジェクトが選択されます。
※わかりやすくするため非選択オブジェクトは
　不透明度を下げています。

STEPUP TOPICS

- 複数選択をした後で shift を押しながらオブジェクトをクリックすると、
  そのオブジェクトだけ選択解除ができます。

Lesson

03 │ オブジェクトの移動

Key Point →
- ● オブジェクトを選択して移動する方法を理解します。
- ● ドラッグで感覚的に動かしたり、数値を指定して正確に移動できるようになります。

Step 1 オブジェクトの移動

▶ **ドラッグで移動**

◦ オブジェクトを移動する

❶ 選択ツール ▷ でオブジェクトを選択し、ドラッグで移動できます。

◦ オブジェクトを移動しながら複製する

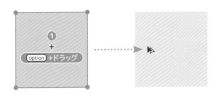

❸ ❶の操作中に option を押すと、オブジェクトを複製できます。

◦ オブジェクトを水平、垂直、斜め45度に移動する

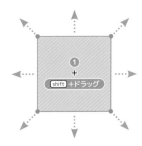

❷ ❶の操作中に shift を押すと、水平、垂直、斜め45度を固定して移動できます。

◦ オブジェクトを水平、垂直、斜め45度に移動しながら複製する

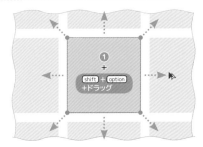

❹ ❶の操作中に shift + option を押すと、水平、垂直、斜め45度の移動先にオブジェクトを複製できます。

> 固定や複製を正確に行うためにも、shift や option は最後に離すようにしよう。

▶ 数値で移動

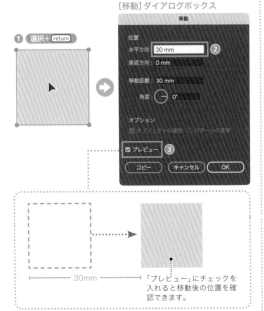

[移動] ダイアログボックス

① 選択＋ return

② 30 mm

③ プレビュー

「プレビュー」にチェックを入れると移動後の位置を確認できます。

──── 30mm ────

④-a 「OK」ボタンを選択した場合

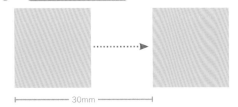

──── 30mm ────

④-b 「コピー」ボタンを選択した場合

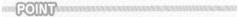

──── 30mm ────

① 選択ツール ▷ でオブジェクトを選択し、return を押します。

② [移動] ダイアログボックスに数値を入力します。

③ 「プレビュー」にチェックを入れ、移動を確認します。

④ 「OK」ボタンは、選択したオブジェクトが移動します。「コピー」ボタンは、選択したオブジェクトはそのままに、複製オブジェクトが移動します。

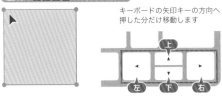

▶ キーボードで移動

① 選択して ↑↓←→ のいずれかを押す

キーボードの矢印キーの方向へ押した分だけ移動します

上
左　下　右

① 選択ツール ▷ でオブジェクトを選択してキーボードの矢印キー（↑↓←→）を押す、または押し続けて移動します。

POINT

メニューバー「Illustrator」➡「設定」➡「一般」➡「キー入力」から、↑↓←→キーのいずれかを1回押すと動く距離を設定できます。

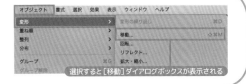

環境設定

一般
選択範囲・アンカー表示
テキスト
単位
ガイド・グリッド
スマートガイド
スライス
ハイフネーション
プラグイン・仮想記憶ディスク
ユーザーインターフェイス

一般
キー入力：1 mm
角度の制限：0°
角丸の半径：10 mm
☐ ペンツールでパス上にアンカーポイントを自動で追加
☐ 十字カーソルを使用

STEPUP TOPICS

- [移動] ダイアログボックスは数字を入力する以外にも、キーボードの矢印キー ↑↓ で数値を変更できるので、オブジェクトの動きを確認しながら作業ができます。

- [移動] ダイアログボックスは、右クリックやメニューバー「オブジェクト」➡「変形」から表示させることもできます。

オブジェクト　書式　選択　効果　表示　ウィンドウ　ヘルプ

変形　　　　　　＞　　変形の繰り返し　　⌘D
重ね順　　　　　＞
整列　　　　　　＞　　移動...　　　　　⇧⌘M
分布　　　　　　＞　　回転...
　　　　　　　　　　　リフレクト...
グループ　　　⌘G　　拡大・縮小...
グループ解除　　　　　選択すると [移動] ダイアログボックスが表示される

Lesson 04 | オブジェクトのコピー＆ペースト

Key Point

- オブジェクトや文字などのコピー＆ペーストの基礎を理解します。
- Illustrator ならではの便利な機能を使い分けることで、効率化を図ることができます。

Step 1 コピー＆ペースト

⚙ コピー

オブジェクトを選択してコピー（command ＋ C）➡ コンピューターが情報を記憶します。

覚えておきたいコピーの方法
- Ⓐ ショートカット：command ＋ C
- Ⓑ メニューバー「編集」➡ コピー
- Ⓒ 右クリック ➡ コピー

Ⓐ ▶ で
クリック＋
command ＋ C

Ⓑ メニューバー「編集」➡「コピー」

Ⓒ 右クリック➡「コピー」

⚙ ペースト

オブジェクトをペースト（command ＋ V）➡ Illustrator 作業画面の中央にペーストされます。
※コピーしたオブジェクトが複製されます。

覚えておきたいコピーの方法
- Ⓐ ショートカット：command ＋ V
- Ⓑ メニューバー「編集」➡ ペースト
- Ⓒ 右クリック ➡ ペースト

Ⓐ command ＋ V

作業画面の中央に
ペーストされます。

Ⓑ メニューバー「編集」➡「ペースト」

Ⓒ 右クリック➡「ペースト」

Step 2 カット＆ペースト

⚙ カット

オブジェクトを選択してカット（command ＋ X）➡ コンピューターが情報を記憶しながら消去します。

消去するときに使う delete キーは、情報が記憶されないから気をつけよう！

Ⓐ ▶ で
クリック＋
command ＋ X

Ⓑ メニューバー「編集」➡「カット」

Ⓒ 右クリック➡「カット」

ペースト

オブジェクトをペースト（command）+ V）➡ Illustrator作業画面の中央にペーストされます。

作業画面の中央にペーストされます。

Ⓐ command + V

Ⓑ メニューバー「編集」➡「ペースト」

Ⓒ 右クリック➡「ペースト」

Step 3　さまざまなペーストの方法

前面へペースト

クリック＋ command + X

水色をカットします。

オブジェクトを選択してカット（command + X）➡ 前面へペースト（command + F）➡ レイヤー内の最前面の同じ位置にペーストされます。

command + F でペースト

1番上のレイヤー（最前面）にペーストされます。

背面へペースト

クリック＋ command + X

赤色をカットします。

オブジェクトを選択してカット（command + X）➡ 背面へペースト（command + B）➡ レイヤー内の最背面の同じ位置にペーストされます。

command + B でペースト

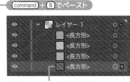

1番下のレイヤー（最背面）にペーストされます。

重ね順を指定してペースト

クリック＋ command + X

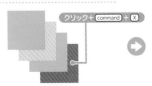

緑色を選択

command + F でペースト

赤色が緑色のレイヤーの前面にペーストされます。

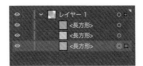

オブジェクトを選択してカット（command + X）➡ オブジェクトを選択 ➡ 前面（背面）へペースト（command + F（B））をすると、選択されたオブジェクトの前面（背面）の同じ位置にペーストされます。重ね順を変更したいときにも使えます。

<h2>Step 4　ペーストの応用</h2>

◉ 同じ位置にペースト

[command] + [C] ([X])

アートボード1

アートボード
1　アートボード1
2　アートボード2
クリック

「アートボード2」をアクティブにして
おきます。

[command] + [shift] + [V]
（同じ位置にペースト）

アートボード2

同じ位置にペースト（[command] + [shift] + [V]）➡ アートボードの同
じ位置にペーストされます。

※アートボードについてはP.13を参照してください。

コピー＆ペーストに関係
するショートカットはよ
く使うし覚えておくと作
業の効率がよくなるよ。

◉ すべてのアートボードにペースト

[command] + [X]

[command] + [shift] + [option] + [V]（すべてのアートボードにペースト）

アートボード1

アートボード1

アートボード2

アートボード3

アートボード4

すべてのアートボードにペースト（[command] + [shift] + [option] + [V]）
➡ すべてのアートボードの同じ位置にペーストされます。

👉 すべてのアートボードの同じ位置にオブジェクトを配置
したい時に使えます。

STEP UP TOPICS

コピー元のレイヤーにペースト

「コピー元のレイヤーにペースト」にチェックを入れると、コピーしたレイヤーと同じレイヤー内にペーストされます。別々の
ファイル間でコピー＆ペーストをするときに、レイヤーの名前を揃えておくと同じ名前のレイヤーにペーストされます。

※チェックを外すとペーストするレイヤーを選ぶことができます。

全てのオブジェクトを選択　　[command] + [X] でカット　　1.クリック　　[command] + [F] でペースト

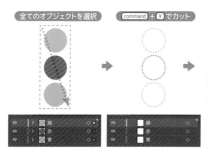

2.選択

[command] + [V]
画面の中央にペースト

[command] + [F]
同じ位置にペースト

同じレイヤーにペーストされます。

Lesson

05 | オブジェクトのグループ化、グループ解除

Key Point
- 複数のオブジェクトを1つのグループとして管理できます。
- グループ化することで、編集の誤動作を防ぐことができます。
- グループを解除すると、1つ1つのオブジェクトとして編集ができます。

Step 1　グループにする

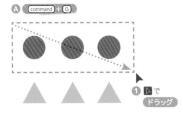

① 選択ツール ▶ で複数のオブジェクトを選択します。

② 選択したオブジェクトをグループ化します。

覚えておきたいグループ化の方法
Ⓐ ショートカット：command + G
Ⓑ メニューバー「オブジェクト」⇒ グループ
Ⓒ 右クリック ⇒ グループ

グループ化したオブジェクトを移動させる

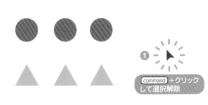

グループ化したオブジェクトが一緒に移動します。

① command を押しながら何もないところをクリックして選択を解除します。

② 選択ツール ▶ でオブジェクトの中の1つをクリックして選択します。

③ ドラッグすると、グループ化されたオブジェクトがすべて一緒に移動します。

Ⓐ command + shift + G

① ▶ で クリック

Ⓑ メニューバー「オブジェクト」
➡「グループ解除」

Ⓒ 右クリック➡「グループ解除」

① 選択ツール ▶ でグループ化したオブジェクト を選択します。

② 選択したグループオブジェクトを解除します。

覚えておきたいグループ解除の方法
Ⓐ ショートカット：command + shift + G
Ⓑ メニューバー「オブジェクト」➡ グループ解除
Ⓒ 右クリック ➡ グループ解除

POINT

ダイレクト選択ツール ▶ やグループ選択ツール ▶ を使うと、グループ解除せずにオブジェクトの編集ができます。

グループ化されている

グループ化されている

※ここではダイレクト選択ツール ▶ を使っています。

STEPUP TOPICS

• 別々のレイヤーにあるオブジェクトをグループ化すると、 上のレイヤーにオブジェクトが移動するので、しっかりレ イヤー管理しましょう。

• 色や線幅などの設定が異なるグループオブジェクトは、表 示が「？」や非表示になります。

塗りと線の色が「？」になります。

線幅が非表示になります。

[線]パネル

[ツール]パネル

Lesson
06 オブジェクトの変形（拡大、縮小）

Key Point
- オブジェクトの変形の基本的な種類と特性を理解します。
- 正確な変形の手順を習得し、思い通りの図形として扱えるようになります。

Step 1 オブジェクトの拡大・縮小

拡大・縮小ツール

 オブジェクトを拡大したり縮小したりする。

◯ オブジェクトを拡大（縮小）する

  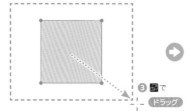

拡大しました。

① 選択ツール▷でオブジェクトを選択します。
② 拡大・縮小ツール🔳に切り替えます。

③ 中央を基準に拡大（または縮小）します。

◯ 縦横比を固定して拡大（縮小）する

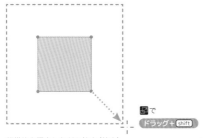

縦横比を固定しながら拡大（縮小）されます。

ドラッグしながら shift を押すと、縦横比が固定されます。

◯ 拡大（縮小）しながら複製する

複製されたオブジェクト

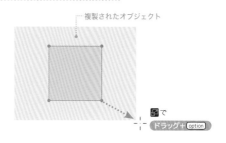

拡大（縮小）しながら複製されます。

ドラッグしながら option を押すと、オブジェクトが拡大（または縮小）コピーされます。

数値で倍率を指定する

◯ 数値を入力して拡大・縮小する

[拡大・縮小] ダイアログボックス

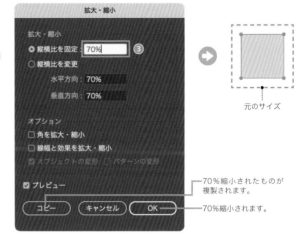

元のサイズ

70%縮小されたものが
複製されます。

70%縮小されます。

① 選択ツール ▷ でオブジェクトを選択します。

② 拡大・縮小ツール 🔲 をダブルクリックすると、[拡大・縮小] ダイアログボックスが開きます。

③ 数値を入力し、「OK」ボタンをクリックすると変形が確定します。「コピー」ボタンをクリックすると複製ができます。

その他の拡大・縮小

◯ バウンディングボックスで拡大・縮小する

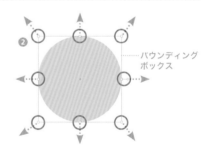

バウンディング
ボックス

① 選択ツール ▷ でオブジェクトを選択します。

② バウンディングボックスの8つの操作点をドラッグすると、拡大（縮小）できます。

POINT

メニューバー「表示」から、バウンディングボックスの表示と非表示を切り替えることができます。

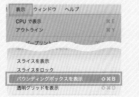

基準点を決めて拡大・縮小する

拡大・縮小ツール 🔲 で変形する場合、基準点を指定することで変形の基準位置を決めることができます。

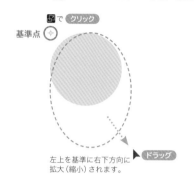

左上を基準に右下方向に拡大（縮小）されます。

それぞれの方向に拡大（縮小）します。

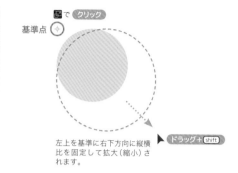

左上を基準に右下方向に縦横比を固定して拡大（縮小）されます。

ドラッグしながら shift を押すと、縦横比が固定されます。

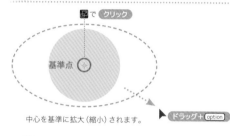

中心を基準に拡大（縮小）されます。

オブジェクトの中心に基準点を指定し、 option を押しながらドラッグすると、オブジェクトの中心から拡大（縮小）します。

🐾 shift を同時に押すと、縦横比を保ったまま中心から拡大（縮小）します。

STEP UP TOPICS

- [拡大・縮小] ダイアログボックスの「オプション」のチェック項目で、それぞれの設定を切り替えることができます **①**。
- [変形] パネルで、オブジェクトのサイズを数値入力することもできます **②**。
- オブジェクトの変形（移動、回転、リフレクト、拡大・縮小、シアー、個別に変形）は、それぞれのパネルをメニューバー「オブジェクト」や右クリックから選択することもできます **③**。

① [拡大・縮小] ダイアログボックス　**②** [変形] パネル

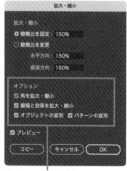

どのように拡大・縮小するかを設定します。

数値入力できます。
W：横幅
H：高さ

③ メニューバー「オブジェクト」➡「変形」

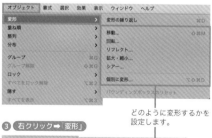

③ 右クリック➡「変形」

どのように変形するかを設定します。

変形ツールの共通動作について

変形ツール（移動、回転、リフレクト、拡大・縮小、シアー、個別に変形）の各ダイアログボックスの「オプション」の設定で、パターン模様の変形をコントロールすることができます。

※パターン模様の作り方はP.169参照

「回転」ダイアログボックスの「オプション」

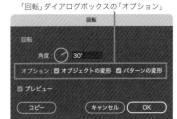

「オプション」設定の例

変形なし

☑ **オブジェクトの変形**
　オブジェクト―回転
☐ **パターンの変形**

☐ **オブジェクトの変形**
☑ **パターンの変形**
　パターン―回転、縮小

☑ **オブジェクトの変形**
　オブジェクト―回転
☑ **パターンの変形**
　パターン――――拡大、反転、移動
　　　　　　（左右対称にしている）

● 基準点＋ダイアログボックス

option を押しながら基準点を設定するとダイアログボックスが開き、それぞれの変形を数字で管理することができます。

※移動、回転、リフレクト、拡大・縮小、シアーの各変形ツール

▼リフレクトツールの例

❸ 編集します

基準点
❶ リフレクトツール ▷◁ で
option ＋クリック

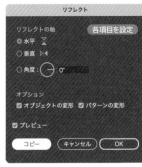

❷ [リフレクト]ダイアログボックスが
　表示されます

● ツールアイコン＋ return キー

各変形ツールに切り替えて、return を押してもダイアログボックスを出すことができます。

07 オブジェクトを回転させる

Key Point
- オブジェクトを回転させることができます。
- 細かく数値を入力して角度を指定することもできます。
- 回転ツールを使わずに回転させる方法もあります。

Step 1 オブジェクトを回転させる

回転ツール

オブジェクトを任意の方向に回転させる。

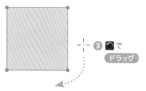

❶ 選択ツール ▶ でオブジェクトを選択します。

❷ 回転ツール ◯ に切り替えます。

❸ ドラッグした方向へ回転します。

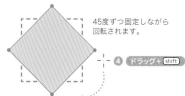

45度ずつ固定しながら
回転されます。

❹ ドラッグ + shift

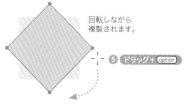

回転しながら
複製されます。

❺ ドラッグ + option

❹ ドラッグをしながら shift を押すと、角度が45度ずつ
固定されます。

❺ ドラッグをしながら option を押すと、オブジェクトが
回転コピーされます。

Step 2 基準点を変更する

❶-a
▶ で 選択

基準点

❶-b
◯ で クリック

基準点

❷ ドラッグ

❶ 選択ツール ▶ でオブジェクトを選択し、回転ツール
◯ でクリックし基準点を指定します。

❷ ドラッグでオブジェクトを回転させます。

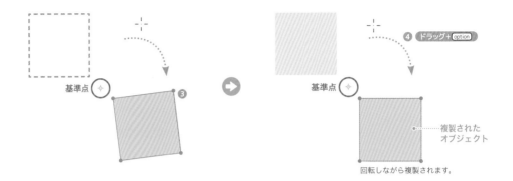

基準点 ◇

③

④ ドラッグ + option

基準点 ◇

複製された
オブジェクト

回転しながら複製されます。

③ 指定した点を基準にオブジェクトが回転します。

④ ドラッグしながら option を押すと、オブジェクトが回転コピーされます。

Step **3** 数値で角度を指定する

① ▶ で クリック

② ダブルクリック

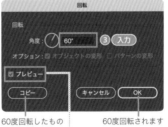

[回転] ダイアログボックス

回転

回転

角度： ／ 60°

③ 入力

オプション： ☑ オブジェクトの変形　□ パターンの変形

☑ プレビュー

コピー　　　キャンセル　OK

60度回転したものが複製されます

60度回転されます

① 選択ツール ▶ でオブジェクトを選択します。

② 回転ツール ◎ をダブルクリックすると［回転］ダイアログボックスが開きます。

③ 数値を入力し「OK」ボタンをクリックすると、変形が確定します。「コピー」ボタンをクリックすると複製ができます。

プレビューにチェックを入れておくと、変形後の状態が確認できて便利だよ。

Step 4 バウンディングボックスで回転させる

角より少し外側

① 選択ツール ▶ でオブジェクトを選択します。

② バウンディングボックスの角のいずれかの少し外側にカーソルを合わせます。

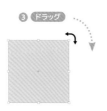

③ カーソルが ↰ に変わったら、ドラッグで回転させます。

④ ドラッグしながら shift を押すと、角度が45度ずつ固定されます。

STEP UP TOPICS

「変形の繰り返し」（ command + D ）をすると、連続した変形動作のオブジェクトが描けます。

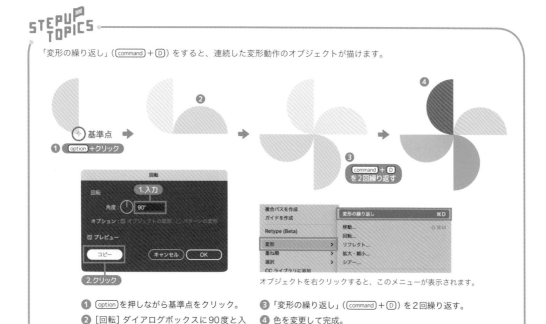

オブジェクトを右クリックすると、このメニューが表示されます。

① option を押しながら基準点をクリック。

② ［回転］ダイアログボックスに90度と入力し「コピー」ボタンをクリックする。

③ 「変形の繰り返し」（ command + D ）を2回繰り返す。

④ 色を変更して完成。

08 オブジェクトを反転する

Key Point
- 左右対称の図形を描くことができます。
- 反転の基準点を自分で設定して、好きな方向に反転することもできます。

Step 1 オブジェクトを反転する

リフレクトツール

オブジェクトを軸上で反転させる。

オブジェクトを反転する

① ▶で クリック

②

リフレクトツール 🔳 に切り替えると
基準点が表示されます。

③ ドラッグ

① 選択ツール ▶ でオブジェクトを選択します。

② リフレクトツール 🔳 に切り替えます。

③ ドラッグした方向へ反転します。

方向を固定して反転する

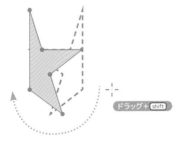

ドラッグ + shift

垂直を固定しながら反転されます。

ドラッグしながら shift を押すと、リフレクトの方向が垂直（水平）に固定されます。

反転して複製する

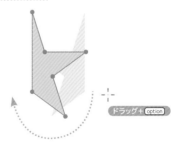

ドラッグ + option

反転しながら複製されます。

ドラッグしながらオプション option を押すと、オブジェクトがリフレクトコピーされます。

Step 2 基準点を決めて反転する

基準点でオブジェクトを反転する

基準点

② ▷◁ で クリック

③ ドラッグ

❶ オブジェクトを選択します。

❷ リフレクトツール ▷◁ に切り替え、反転する基準点を決めてクリックします。

❸ ドラッグして反転します。

基準点で方向を固定して反転する

基準点

ドラッグ + shift

垂直を固定しながら反転されます。

ドラッグしながら shift を押すとリフレクトの方向が垂直（水平）に固定されます。

基準点で反転して複製する

基準点

ドラッグ + option

反転しながら複製されます。

ドラッグしながら option を押すと、オブジェクトがリフレクトコピーされます。

Step 3 ダイアログボックスで反転する

① ▷ で クリック

[リフレクト]ダイアログボックス

❶ 選択ツール ▷ でオブジェクトを選択します。

❷ リフレクトツール ▷◁ をダブルクリックすると［リフレクト］ダイアログボックスが開きます。

❸ 「水平」（もしくは「垂直」）を選択します。

② ダブルクリック

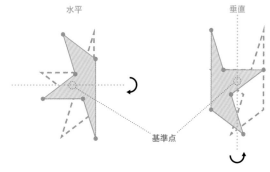

反転の基準点はオブジェクトの中央になります。

④ プレビューで変形後の状態を確認し、「OK」ボタンか
　「コピー」ボタンを選択します。

Step 4 ## 基準点を決めてダイアログボックスで反転する

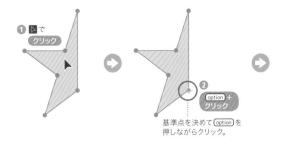

① ▶で クリック

② option + クリック

基準点を決めて option を
押しながらクリック。

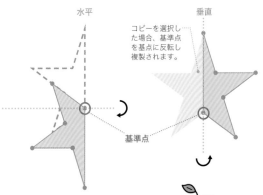

水平

垂直

コピーを選択し
た場合、基準点
を基点に反転し
複製されます。

基準点

① 選択ツール ▶ でオブジェクトを選択します。

② リフレクトツール ⋈ に切り替え、反転する基準
　点を決めて option を押しながらクリックします。

③ [リフレクト] ダイアログボックスが開きます。

④ 「水平」（もしくは「垂直」）を選択します。

⑤ プレビューで変形後の状態を確認し、「OK」ボタン
　か「コピー」ボタンを選択します。

ドラッグでのリフレクトツール
は少し複雑な動きをするので、
Step 4 の方法がおすすめだよ。

STEPUP TOPICS

リフレクトは左右対称、上下対称の図形を正確に描くことが
できる機能なので、回転と共にツール切り替えのショート
カットを覚えておくと便利です。（回転：Ⓡ、反転：Ⓞ）

Lesson

09 | オブジェクトを傾ける（シアー）

Key Point —
- オブジェクトを傾けることができます。水平・垂直を維持したまま傾けることも可能です。
- 数値を設定して、細かく傾ける方法もあります。

Step 1 オブジェクトを傾ける

シアーツール

 オブジェクトを任意の方向に傾ける。

⚙ オブジェクトを傾ける

 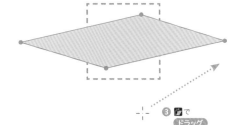

① ▶ で クリック

③ 🅱 で ドラッグ

① 選択ツール ▶ でオブジェクトを選択します。

② シアーツール 🅱 に切り替えます。
③ ドラッグした方向へ傾きます。

⚙ 水平（垂直）を固定して傾ける

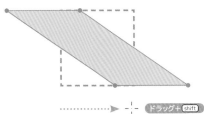

ドラッグ + shift

ドラッグしながら shift を押すと、水平（垂直）を固定して傾きます。

⚙ 傾けて複製する

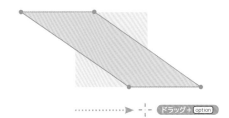

ドラッグ + option

ドラッグしながら option を押すと、傾きながら複製します。

Lesson

09

オブジェクトを傾ける（シアー）

Step 2 ダイアログボックスで角度を指定する

❶ ▶ で クリック

❷ ダブルクリック

[シアー] ダイアログボックス

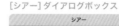

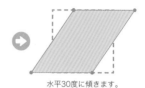

水平30度に傾きます。

ドラッグでのシアーツールは少し複雑な動きをするので、Step 2 の方法がおすすめだよ。

❶ 選択ツール ▶ でオブジェクトを選択します。
❷ シアーツール 🖊 をダブルクリックすると [シアー] ダイアログボックスが開きます。
❸ 「水平」(もしくは「垂直」)を選択します。

❹ 「シアーの角度」を入力します。
❺ プレビューで変形後の状態を確認し、「OK」ボタンか「コピー」ボタンを選択します。

STEP UP TOPICS

● シアーツール 🖊 で文字を傾けると雰囲気の異なった表現ができます。

● ダイアログボックスで数値を入力する際、「プレビュー」にチェックを入れたままキーボードの矢印キー ↑ ↓ を押すと、変形の状態を簡単に確認できます。

● また矢印キー ↑ ↓ を押す際、shift を押しながらで数値が10倍、command を押しながらで数値が0.1倍の変更ができます。

※ ツールによって0.5倍の数値変更になるものもあります。

shift + ↑ ↓
数値が10倍で増減します。

command + ↑ ↓
数値が0.1倍で増減します。

Lesson 10 | オブジェクトの自由変形

Key Point
- オブジェクトを回転、拡大・縮小、傾斜、変形できます。
- 縦横比を変えたり、遠近感をもたせたり、歪んだように変形させたりできます。

Step 1 オブジェクトを自由に変形する

自由変形ツール

オブジェクトを回転、拡大・縮小、傾斜、変形させる。

① ▷ で クリック

② クリック

❸ ツールオプション
ウィジェット

― 縦横比を固定の切り替え
― 自由変形
― 遠近変形
― パスの自由変形

① 選択ツール▷でオブジェクトを選択します。
② 自由変形ツール▣に切り替えます。

❸ ツールオプションウィジェット（小さなパネル）が表示されるので、形状を選択して変形します。

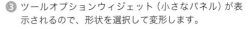

✿ 自由変形

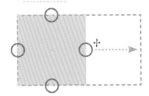

4つの操作点のいずれかをドラッグで水平垂直を保ったまま変形します。
optionを押しながらドラッグするとオブジェクトの中央から変形します。

✿ 遠近変形

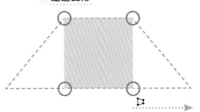

四角の操作点をドラッグするとオブジェクトを変形できます。

✿ パスの自由変形

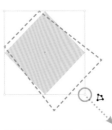

4つの操作点をドラッグで図形を自由に変形します。
optionを押しながらドラッグすると対角線上に反転して変形します。

※作例は全て縦横比を固定せずに操作しています。

STEP UP TOPICS

- 自由変形ツール▣はshiftを押しながら使うと角度を固定できます。
- 少しクセのあるツールですが、様々な図形で試していくうちに使い慣れてきます。

自由変形ツールでオブジェクトを変形する場合は、command＋Z以外でやり直す方法がないので、コピーしてバックアップをとっておくと便利！

Lesson
11 | オブジェクトを個別に変形する

Key Point
- 複数のオブジェクトを個別に変形することができます。
- ランダム機能を使うことで、複数のオブジェクトをバラバラに変形させることができます。

Step 1 個別に変形する

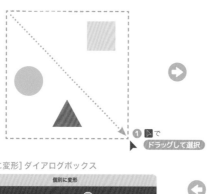

① ▶で
ドラッグして選択

2-a メニューバー「オブジェクト」➡「変形」➡「個別に変形」

オブジェクト	書式	選択	効果	表示	ウィンドウ	ヘルプ
変形				›	変形の繰り返し	⌘D
重ね順					シアー...	
グループ解除			⇧⌘G		個別に変形...	⌥⇧⌘D
ロック			›			
すべてをロック解除			⌥⌘2		バウンディングボックスのリセット	
隠す			›			

2-b 右クリック➡「変形」➡「個別に変形」

変形	›	変形の繰り返し	⌘D
重ね順	›	移動...	⇧⌘M
選択	›	回転...	
CC ライブラリに追加		リフレクト...	
書き出し用に追加	›	拡大・縮小...	
選択範囲を書き出し...		シアー...	
		個別に変形...	⌥⇧⌘D

[個別に変形] ダイアログボックス

個別に変形

拡大・縮小　③
水平方向 ────○──── 120%
垂直方向 ────○──── 120%　🔒

移動
水平方向 ────○──── 10 mm
垂直方向 ──○────── -10 mm

回転
角度 : ◔ 30°

オプション
- ☑ オブジェクトの変形
- ☑ パターンの変形
- ☐ 線幅と効果を拡大・縮小
- ☐ 角を拡大・縮小
- ☐ 水平方向に反転
- ☐ 垂直方向に反転
- ☐ ランダム

④
☑ プレビュー　[コピー]　[キャンセル]　[OK]

水平垂直に120%拡大
縦横比固定アイコンをオン

水平方向に10mm移動

垂直方向に-10mm移動

30度回転
基準点はオブジェクトの
中央に設定

変形の基準点を選ぶと
それぞれのオブジェクトの変形基準を変更できるよ。

点線＝
変更前の位置

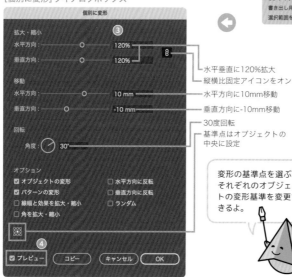

① 選択ツール ▶ で複数のオブジェクトを選択します。

2-a メニューバー「オブジェクト」➡「変形」➡「個別に変形」を選択し、[個別に変形] ダイアログボックスを表示させます。

2-b 右クリック ➡「変形」➡「個別に変形」を選択します。

③ それぞれの項目を入力します。

④ 「プレビュー」にチェックを入れ、変形後の状態を確認し、「OK」ボタンか「コピー」ボタンをクリックします。

Step 2 ランダムに個別に変形する

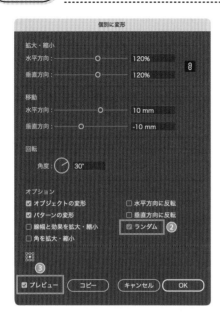

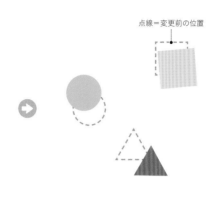

点線＝変更前の位置

ランダムに移動や変形が適用されるから、自然なバラバラ感を出すことができるんだ！

① **Step 1** の ③ まで同様に作業します。

② オプションの「ランダム」にチェックを入れます。

③ 「プレビュー」にチェックを入れ、変形後の状態を確認し、「OK」ボタンか「コピー」ボタンをクリックします。
入力した数値の範囲内でランダムに変形します。

複数選択したオブジェクトに通常の「変形ツール」を使うと、ひとまとめで変形されるよ。
「個別に変形」は複数選択しても1つ1つのオブジェクトが独立して変形するよ。

STEP UP TOPICS

- 「個別に変形」にシアーは含まれないので、オブジェクトを傾けたい場合はシアーツール 🔲 を使用します。

- ランダム機能はある程度自動で変形しますが、微調整は手動で行うと良いでしょう。

Lesson

11

オブジェクトを個別に変形する

練習問題
オブジェクトの選択と移動

選択ツールやダイレクト選択ツールを使ってオブジェクトを選択し、移動させましょう。レイヤーの重ね順も確認しながら練習問題に取り組みましょう。

練習A **選択ツールで荷物を選び、トラックの荷台に移動させよう**

使用ツール

選択ツール（P.68参照）で
荷物を選択する

ドラッグでトラックの荷台に
移動させる

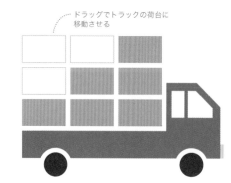

※選択ツールで荷物を
ドラッグするときに
option を併用する
と、複製が作成され
ます。

練習B **アンカーポイントを移動させて七角形を矢印に変えよう**

使用ツール

2つの図形はクローズパスで描画されています。
アンカーポイントを移動するときは、時計回り（または反時計回り）の順番が同じになるように注意しましょう。

アンカーポイントをドラッグして
矢印に形を変える

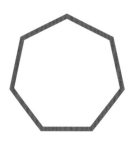 

Hint
七角形と矢印は頂点の数が
同じなので、アンカーポイン
トを移動して違う図形にし
ても、アンカーポイントの数
がぴったり一致するよ！

Chapter
4
移動と変形を使おう

練習C オブジェクトの重ね順を変えよう

使用ツール

[レイヤー]パネルで
重ね順を変える(P.67参照)

見本

※[レイヤー]パネルのレイヤー名を shift を
押しながらクリックすると、複数のレイ
ヤーを同時に選択することができます。

Hint

オブジェクトの並び順は[レイヤー]パネルで変更
する方法以外に、オブジェクトを選択した状態で
右クリック➡「重ね順」からも変更できるよ!

練習D グループ選択ツールで左の本棚から本を選び、左から小さい数字順になるよう
並び替えながら右の本棚に本を移そう

使用ツール

2つの本棚は同じ形で水平方向に並んでいるので、本のオブジェクトをドラッグして移動するときには
shift を併用します。

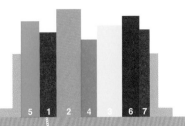

グループ選択ツール(P.69参照)で
本を選択する

Hint

7冊の本はまとめてグループ化されているよ。選択ツール で選択しようとすると7冊すべて選ばれてしまうから、1冊
ずつ選択したいときは必ずグループ選択ツール を使おう!

練習E **緑のオブジェクトをグループ化して移動させよう**

使用ツール

緑のオブジェクトを1つ選択して、メニューバー「選択」➡「共通」➡「カラー（塗り）」を選択すると、同じ塗り（ここでは緑）のオブジェクトを自動に選択することができます。

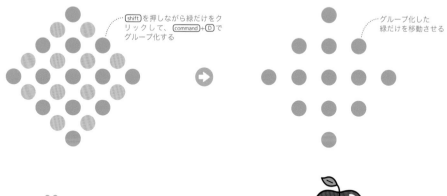

shift を押しながら緑だけをクリックして、command ＋ D でグループ化する

グループ化した緑だけを移動させる

H!nt

グループ化せずに1つ1つ選択して移動することもできるけど、グループ化すると整列された状態を保ったままきれいに移動できるよ。

練習F **グループ化を解除して赤い三角形を移動させよう**

使用ツール

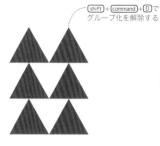

shift ＋ command ＋ D でグループ化を解除する

赤い三角形をグレーのガイド線にはまるように移動させる

練習問題

Sample File Work_04.ai

オブジェクトの変形

オブジェクトを思い通りに変形させるためにはどのツールを使うべきか、スムーズに選択できるようになりましょう。

練習A ダイレクト選択ツールで選択し、下線部を伸ばそう

使用ツール

右辺を選択して [shift] を押しながら右へドラッグして伸ばす

※選択された角のアンカーポイントには、コーナーウィジェット（P.29参照）が表示されます。このサンプルの場合には、下線の右辺の上下にあるアンカーポイントのコーナーウィジェットが表示されていれば、正しく選択されています。

練習B カメレオンの舌を伸ばそう

使用ツール

カメレオンの舌のような形状のアンカーポイントを選択するには、マーキー選択が便利です。
P.70の「オブジェクトの一部を選択」を参照してください。

ダイレクト選択ツール（P.69参照）で
舌を伸ばす

Hint

ダイレクト選択ツール▶️で
どの部分を選択するかがポ
イントだね。

練習C ドーナツを拡大・縮小ツールで150%拡大しよう

使用ツール　ドーナツのオブジェクトはグループ化されているので、ダイレクト選択ツールでクリックする
だけで全体を選択できます。

Hint

数値で設定するときは［拡大・縮小］
ダイアログボックスを表示させよう。

練習D ドーナツを拡大・縮小ツールで50%縮小しよう

使用ツール　［拡大・縮小］ダイアログボックスは、メニューバー「オブジェクト」➡「変形」➡「拡大・縮小」を選択しても表示
できます。オブジェクトによっては、「オプション」にある「線幅と効果を拡大・縮小」のオン・オフで異なった結
果になります（P.123 STEPUP TOPICS参照）。

Hint

［拡大・縮小］ダイアログボックスはツール
パネルの拡大・縮小ツール🔲をダブルク
リックすると表示されるよ。

練習E 基準点を決めて、パラソルを-20度回転させよう

使用ツール

回転ツール（P.83参照）で傾ける

Hint

数値で設定するときは
［回転］ダイアログボッ
クスを表示させよう。

基準点

練習F 目、ヒゲ、蝶ネクタイを点線を基準にして垂直反転コピーしよう

使用ツール

基準になる点線

複数のオブジェクトを選択する
場合には、shift を押しながら
クリックする

Hint

目、ヒゲ、蝶ネクタイ
を選択してリフレクト
ツール を使おう。

練習G 星を複製して「個別に変形」でランダムに散りばめよう

使用ツール

星を複製していく

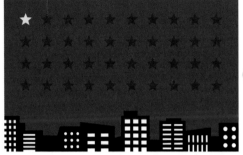 

複製した星を全て選択してメニューバー「オブジェクト」➡「個別に変形」で星をちりばめる

"見本"

H!nt

[個別に変形]ダイアログボックスで、下の数値を参考に設定してみよう!

● 拡大・縮小
　水平方向：30%
　垂直方向：30%

● 移動
　水平方向：5mm
　垂直方向：5mm

● 回転
　角度：90°

● オプション
　「ランダム」にチェック

「プレビュー」のクリックを繰り返すと、星の変形結果がランダムで変化するよ!

変形はいろいろな場面に合わせて最適なツールを選ぼう!数値での変形も徐々に試していこうね。

Chapter

5

オブジェクトを
編集しよう

Lesson 01 画像配置とクリッピングマスク

Key Point
- ベクターデータではない画像(写真や絵)をIllustrator上に配置します。
- オブジェクトや文字と組み合わせてレイアウトの要素として使用します。
- オブジェクトの形状で画像の一部を隠すことで、切り抜いたように見せます。

Step 1 画像をリンク配置する

PCの中の指定したフォルダにアクセスして画像を表示させます。

❶ メニューバー「ファイル」➡「配置」を選択します。

❷ フォルダから画像(penguin.psd)を選択します。

❸ リンクにチェックを入れ、「配置」をクリックします。

❹ 画面上をクリックして配置します。

❺ 位置やサイズを調整します。

👍 画像のサイズを変更する場合は、shift を押しながら縦横比を固定してドラッグします。

Step 2　画像を埋め込み配置する

作業中のファイルデータに画像を埋め込み表示させます。

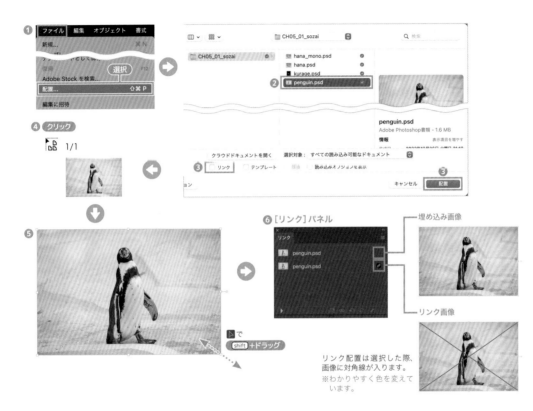

⑥ [リンク] パネル

埋め込み画像

リンク画像

リンク配置は選択した際、
画像に対角線が入ります。
※わかりやすく色を変えて
います。

① メニューバー「ファイル」 ➡ 「配置」を選択します。

② フォルダから画像 (penguin.psd) を選択します。

③ リンクのチェックを外し、「配置」をクリックします。

④ 画面上をクリックして配置します。

⑤ 位置やサイズを調整します。

👆 画像のサイズを変更する場合は shift を押しながら縦横比を固定し
てドラッグします。

⑥ メニューバー「ウィンドウ」 ➡ 「リンク」を選択して
[リンク] パネルを表示させ、リンク画像と埋め込み画
像の違いを確認します。

POINT

リンク配置にしておくと、画像の編集内容が自動的に更新されます。

編集前のカラー画像

Photoshopで
モノクロに編集した写真

画像を自動更新

リンク配置をした画像が変更されたことを
知らせるアラート。

オブジェクトの形状で画像を切り抜いたように見せます。

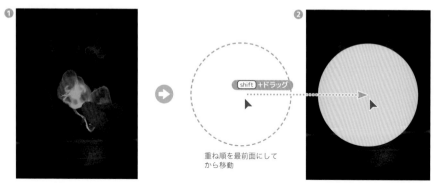

① kurage.psd

重ね順を最前面にして
から移動

shift +ドラッグ

② ※わかりやすいよう、ここでは正円
の塗りに色を設定しています。

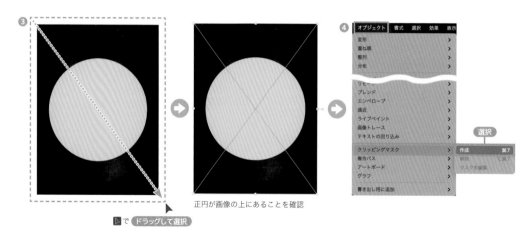

③ ▶ で ドラッグして選択

正円が画像の上にあることを確認

④ オブジェクト　書式　選択　効果　表示

変形
重ね順
整列
分布

リピート
ブレンド
エンベロープ
遠近
ライブペイント
画像トレース
テキストの回り込み

クリッピングマスク　　　　作成　⌘7
複合パス　　　　　　　　削除　⌥⌘7
アートボード　　　　　　マスクを編集
グラフ

書き出し用に追加

選択

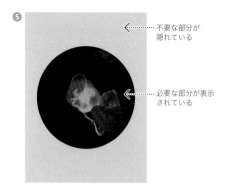

⑤ 不要な部分が
隠れている

必要な部分が表示
されている

① Step1 の手順で、画像（kurage.psd）をリンク配置します。

② 楕円形ツール◯で正円を描きます。正円の重ね順を最前面にし、画像の上に移動します。

③ 選択ツール▶で画像と②の正円をドラッグして選択します。

④ メニューバー「オブジェクト」⇒「クリッピングマスク」⇒「作成」（command+7）を選択します。

⑤ 正円で画像の必要な部分のみ表示し、不要な部分は隠れます。

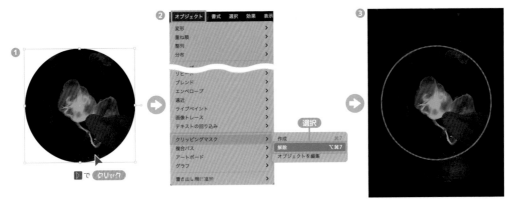

解除後、正円は線なし塗りなしになります。
※わかりやすいよう、ここでは線の色を変
えています。

Step 4 クリッピングマスクを解除する

① [Step3] でクリッピングマスクを適用したオブジェクト
を選択します。

② メニューバー「オブジェクト」⇒「クリッピングマス
ク」⇒「解除」([option] + [command] + [7]) を選択します。

③ クリッピングマスクが解除されます。

注意

※ クリッピングマスクの作成は、マスクするオブジェクト
がマスクされる対象の画像やオブジェクトより重ね順が
上にあることが条件です。

※ 複数のオブジェクトが隣接していてドラッグで選択でき
ない場合は、[shift]を押しながらクリックして1つずつ選
択します。

※ クリッピングマスクを解除すると、オブジェクトの色は
線なし塗りなしになります。

02 | 複合パスを理解する

Key Point
- 複合パスの仕組みを理解します。
- 複合パスの基本的な使用方法を習得します。
- グループオブジェクト、複数オブジェクトとの違いを理解して使い分けます。

Step 1 複合パスの作成と解除

◉ 複合パスを作成する

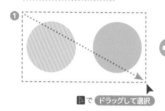

❶ ▶で ドラッグして選択

2つのオブジェクトが選択されます。

❷ [オブジェクト] [書式] [選択] [効果] [表示] / 選択 / 作成 ⌘8

❸ 1つのオブジェクトになります。

[レイヤー]パネル

重ね順が下の方の色になるよ。

❶ 2つ以上のオブジェクトを選択します。

❷ メニューバー「オブジェクト」➡「複合パス」➡「作成」（command + 8）を選択します。

❸ 画面上は別々のオブジェクトですが、[レイヤー] パネルで確認すると「複合パス」になり、1つのオブジェクトになります。

グループオブジェクトはそれぞれオブジェクトの色を変更できるけど、複合パスは1つのオブジェクトとして認識されるので色は1色だけが適用されるよ。

◉ 複合パスを解除する

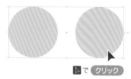

▶で クリック

複合パスのオブジェクトを選択します。

❶ [オブジェクト] [書式] [選択] [効果] [表示] / 作成 ⌘8 / 解除 ⌥⇧⌘8 / 選択

❷ オブジェクトが別々になります。

❶ メニューバー「オブジェクト」➡「複合パス」➡「解除」（option + shift + command + 8）を選択します。

❷ 元々の2つのオブジェクトに戻ります。
※複合パスの色が適用されたままになります。

Step 2 オブジェクトに穴を空ける

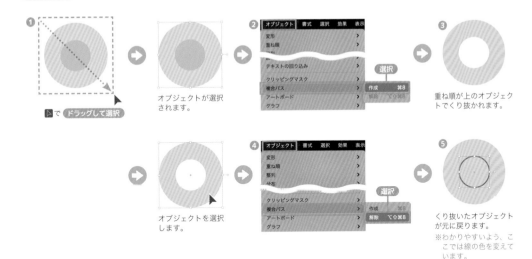

① 重なり合った2つ以上のオブジェクトを選択します。

② メニューバー「オブジェクト」➡「複合パス」➡「作成」を選択します。

③ 重ね順の上にあったオブジェクトの形で下のオブジェクトに穴が空き、1つのオブジェクトになります。重ね順が下の方の色になります。

④ メニューバー「オブジェクト」➡「複合パス」➡「解除」を選択します。

⑤ 元々の2つのオブジェクトに戻ります。

※複合パスの色が適用されたままになります。

Step 3 グラデーションを適用したときの違い

グループオブジェクトの場合

グループオブジェクトにグラデーションを適用します。

複合パスの場合

複合パスにグラデーションを適用します。

オブジェクトを選択します。

それぞれのオブジェクトにグラデーションが適用されます。

オブジェクトを選択します。

1つのオブジェクトとしてグラデーションが適用されます。

Lesson **02** 複合パスを理解する

107

Step 4 マスクを適用したときの違い

複数のオブジェクトの場合

複数のオブジェクトで画像をクリッピングマスクする。

複数のオブジェクトと画像を
選択します。

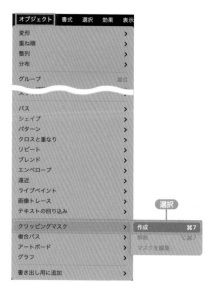

選択オブジェクト内の最前面オブジェクトの
形状でクリッピングマスクされます。

複合パスの場合

複合パスで画像をクリッピングマスクする。

複合パスにしたオブジェクトと
画像を選択します。

複合パスの形状でクリッピングマスクされます。

Chapter

5

オブジェクトを編集しよう

108

03 パスファインダーを使いこなす

Key Point →
- パスファインダーの構造を理解し的確な図形を作成します。
- ケースによってパスファインダー機能を使い分けます。
- シェイプ形成ツールと併用してオブジェクトの編集を効率良く行います。

Step 1 パスファインダーってなに？

パスファインダーは複数のオブジェクトを重ね合わせ、効率的に図形を作成する機能です。

2つの重なり合ったオブジェクトを選択し、[パスファインダー]パネルのアイコンをクリックして作成します。

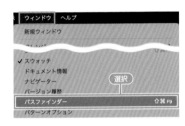

[パスファインダー]パネル

適用前	種類	説明	適用後
	❶ 合体	オブジェクト同士を繋げる	
	❷ 前面オブジェクトで型抜き	前面オブジェクトで最背面オブジェクトを削り取る（最背面オブジェクトのみが残る）	
	❸ 交差	オブジェクトが重なった部分のみ残る	
	❹ 中マド	オブジェクトが重なった部分のみ消去する	
	❺ 分割	オブジェクトが重なった部分で切り分ける	※1

次ページにつづく

適用前	種類	説明	適用後
	❻ 刈り込み	前面オブジェクトで背面オブジェクトを削り取る（前面オブジェクトはそのまま残り、削り取られた背面オブジェクトも残る）	※1
	❼ 合流	同じ色のオブジェクトは合体し、前面オブジェクトで背面オブジェクトを削り取る（前面オブジェクトはそのまま残り、削り取られた背面オブジェクトも残る） ※オブジェクトが2つの場合は前面オブジェクトで型抜きと同じ結果です。 ※結果がわかりやすいように3つのオブジェクトを使っています。	※1
	❽ 切り抜き	オブジェクトが重なった部分が残り、背面オブジェクトの色になります。削り取られた前面オブジェクトが線なし塗りなしで残ります。	※2
	❾ アウトライン	重なったパスがすべて分割され線のみになる（色情報が破棄されます）	※2
	❿ 背面オブジェクトで型抜き	背面オブジェクトで最前面オブジェクトを削り取る（最前面オブジェクトのみが残る）	

※1 適用後にグループ解除と移動をしています。
※2 わかりやすいように線を赤にしています。

◆ 注意 ◆
パスファインダー適用後、2つ以上のオブジェクトが残る場合はすべてグループ化されます。
必要に応じてグループ解除をしたり、ダイレクト選択ツール ▶ やグループ選択ツール ▶ で編集します。

❶「合体」、❺「分割」、❾「アウトライン」を理解しておくとすべてに応用ができるので、まずはこの3つを重点的に習得しよう。

Step 2 複合シェイプを使う

[パスファインダー] パネルにある4つの形状モードは、option キーを押しながらそれぞれのアイコンをクリックすることで別々に編集できます。

それぞれの詳細については、P.109を参照してください。

複合シェイプでオブジェクトを合体する

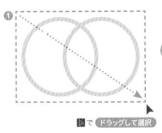

▶ で ドラッグして選択

② option +クリック

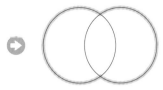

合体したように見えるオブジェクトも、ダイレクト選択ツールやグループ選択ツールで別々に編集することができます。

オブジェクトは通常の「合体」になります。

① 選択ツール ▶ で、2つのオブジェクトを選択します。

② option キーを押しながら「合体」アイコン ■ をクリックします。

③ [パスファインダー] パネルの「拡張」をクリックすると、通常のパスファインダーと同じ結果になります。

複合シェイプを解除する

1.クリック

2.選択

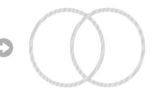

複合シェイプが解除されます。

① 上の手順③で、拡張する前にオプションメニュー ≡ から複合シェイプを解除することもできます。

※作例は解説用に線のみオブジェクトですが、塗りオブジェクトでも同じ結果になります。

Lesson

03

パスファインダーを使いこなす

111

シェイプ形成ツール

 [パスファインダー] パネルを使用せずに、クリック＆ドラッグで合体や分割などを行う。

合体

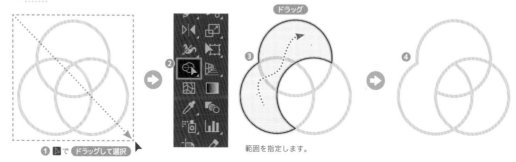

範囲を指定します。

① 選択ツール ▷ で編集するオブジェクトをすべて選択します。

② シェイプ形成ツール ◉ に切り替えます。

③ 合体したい場所をドラッグでなぞります。赤い太線で表示される箇所が合体されます。

④ クリックを離すと、なぞった箇所が合体されて1つのオブジェクトになり、なぞらなかった箇所は分割されます。

分割

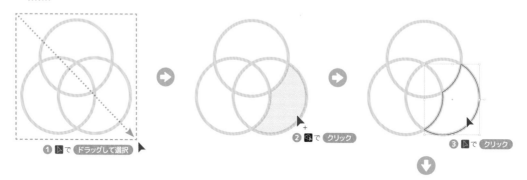

① 選択ツール ▷ で編集するオブジェクトをすべて選択します。

② 分割するオブジェクトをシェイプ形成ツール ◉ でクリックします。

③ 選択ツール ▷ に切り替えて、分割したオブジェクトを選択します。

④ 移動や色の変更などで分割を確認します。クリックしたオブジェクト以外は分割されずに残ります。

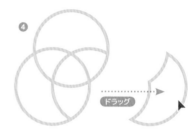

手順 ② でクリックした部分が分割されます。

☀ 消去

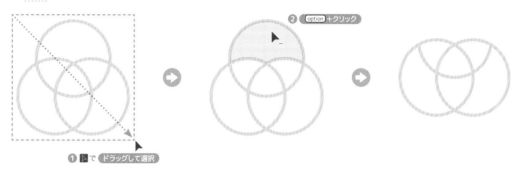

① 🔺 で ドラッグして選択

② option +クリック

① 選択ツール 🔺 で編集するオブジェクトをすべて選択します。

② option キーを押しながら、消去したい場所をクリックします。

③ クリックした部分のオブジェクトが消去されます。消去したオブジェクト以外は分割されずにそのまま残ります。

※作例は解説用に線のみオブジェクトですが、塗りオブジェクトでも同じ結果になります。

STEPUP TOPICS

[パスファインダー] パネルから [パスファインダーオプション] ダイアログボックスを表示すると、オブジェクトが重なる精度や適用後のオブジェクトの処理などを選択できます。

1.クリック

2.選択

パスファインダーオプション

① 精度： 0.028 pt

② ☑ 余分なポイントを削除

③ ☐ 分割およびアウトライン適用時に塗りのないアートワークを削除

初期値　　　　　キャンセル　　　　OK

① パスファイダー適用時、重なったパスの処理精度を変更します。基本的には初期値 (0.028pt) のままでOKです。

② 合体や合流をしたときに不要なアンカーポイントを削除します。

③ 適用時、塗りなし線なしのオブジェクトを削除します。

交差した線を option キーを押しながらシェイプ形成ツール 🔲 でなぞると、はみ出した部分のみ消去することができます。
※交差していた部分は連結すると線がつながります。(P.120を参照)

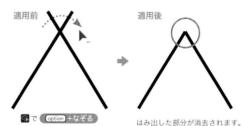

適用前

🔲 で option +なぞる

適用後

はみ出した部分が消去されます。

Lesson 04 ガイドとスマートガイドを使う

Key Point
- ガイドとは、オブジェクトの整列や配置の目安となる線です。
- 印刷物や書き出し画像には現れず、作業画面だけに表示されます。
- スマートガイドはオブジェクトの重なりや位置を示すヒント機能です。

Step 1 定規からガイドを出す

① メニューバー「表示」➡「定規」➡「定規を表示」
（command + R）を選択し、アートボードに定規を表示させます。

② 定規の上からアートボードへドラッグします。

③ クリックを離すとガイド線になります。

ルーラー
ガイド

定規から出すガイド（ルーラーガイド）は、表示可能画面の端から端までの直線だよ。多用するとファイルがガイド線で見えにくくなるので、ポイントを押さえて使用しよう。

Step 2 オブジェクトをガイドに変更する

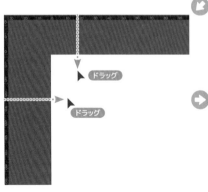

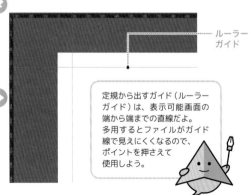

ガイドが作成されます。

① ▷で クリック

① 選択ツール ▷ でオブジェクトを選択します。

② メニューバー「表示」➡「ガイド」➡「ガイドを作成」を（command + 4）選択します。

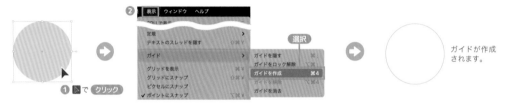

項目	説明	ショートカットキー
❶ ガイドを表示／ ガイドを隠す	ガイドの表示を切り替えます。	command + ;
❷ ガイドをロック／ 解除	ガイドの選択を切り替えます。すべてのガイドに適用されるので、作業中に動かしたくない場合はロックしておきます。	option + command + ;
❸ ガイドを作成	Step 2 の作成と同じです。	command + 5
❹ ガイドを解除	ガイドから通常オブジェクトに戻します。ガイドのロックを解除して選択した状態で解除します。	option + command + 5
❺ ガイドを消去	ガイドをすべて消去します。消去しないガイドはレイヤーをロックしておきます。	―

誌面レイアウトや整列の基準などでガイドはよく使う機能なので基本をおさえておこう！

Step 3　スマートガイドを使う

スマートガイドとは、アンカーポイントやパス、ハンドル、オブジェクトの中心など、オブジェクトを構成するポイントにヒントを表示します。メニューバー「表示」➡「スマートガイド」のチェックマークで切り替えます。

☀ スマートガイド：ON

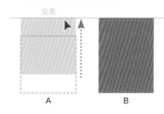

オブジェクトAを選択し、オブジェクトBの上辺と揃えるように移動する。ヒント「交差」が表示され吸着します。

☀ スマートガイド：OFF

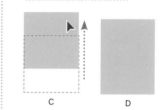

オブジェクトCを選択し、オブジェクトDの上辺と揃えるように移動する。ヒントが表示されず揃いにくい。

※ OFFにすることで微調整がしやすくなります。

STEPUP TOPICS

- ガイドの色や線の形態は［環境設定］ダイアログボックスで変更できます。
- command + option +ダブルクリックで、個別にガイドのロックを解除できます。
- スマートガイドがONの状態で command を押しながらオブジェクトを別のオブジェクトにドラッグして近づけると、アンカーポイント同士が磁石のようにひっつきます。
- スマートガイドは、［環境設定］ダイアログボックスで表示する内容を選択することができます。

ガイドの色や線は［環境設定］ダイアログボックスの「ガイド・グリッド」から設定します。

スマートガイドの表示内容は［環境設定］ダイアログボックスの「スマートガイド」から設定します。

05 整列でオブジェクトを配置する

Key Point
- 図形作成やレイアウトなどで頻繁に使用する機能です。
- なんとなく感覚で揃えるのではなく、まずは整列機能を使う習慣をつけます。
- 位置合わせや間隔の統一など正確に場所の指定ができます。

◯ [整列]パネルの表示方法と詳細

❶ メニューバー「ウィンドウ」 ➡ 「整列」（shift ＋F7）を選択します。

❷ [整列]パネルメニュー■からオプションを表示させます。

────アートボードに整列
────選択範囲に整列
────キーオブジェクトに整列

項目	説明
❶ オブジェクトの整列	オブジェクトの形状に応じて整列します。
❷ オブジェクトの分布	複数のオブジェクトの上下左右中央に応じて分布します。
❸ 等間隔に分布	オブジェクト同士の間隔を統一して分布します。
❹ 等間隔に分布（ボックス部分）	オブジェクト同士の間隔を数値で指定します。
❺ 整列基準	整列、分布をする基準を設定します。

Step 1 アートボードの中央にオブジェクトを揃える

❸-a ❸-b

① ▶ で クリック

②

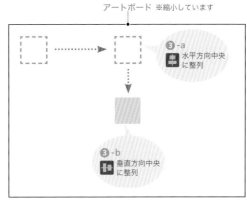

アートボード ※縮小しています

❸-a
水平方向中央
に整列

❸-b
垂直方向中央
に整列

アートボードを基準にしてオブジェクトが移動します。

① 選択ツール▶でオブジェクトを選択します。
※複数のオブジェクトを選択しても結果は同じです。

② [整列] パネルの「整列基準：アートボード」をクリックします。

③ [整列] パネルの「水平方向中央に整列」と「垂直方向中央に整列」をそれぞれクリックします。

④ アートボードの中央にオブジェクトが整列します。

⑤ アートボード基準のまま、上下左右それぞれに整列させてみましょう。

Step 2 選択範囲の上にオブジェクトを揃える

①

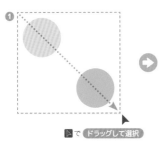

▶ で ドラッグして選択

③

②

④

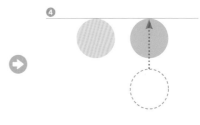

① 複数のオブジェクトを選択します。

② [整列] パネルの「整列基準：選択範囲」をクリックします。

③ [整列] パネルの「垂直方向上に整列」をクリックします。

④ 選択した複数のオブジェクトが、それぞれの上端で整列されます。
※この場合、選択範囲内で最上段のオブジェクトが基準になります。

Step 3 キーオブジェクトを基準にして左に揃える

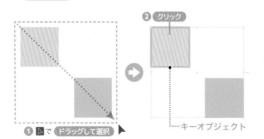
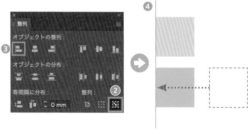

① 🖱️で ドラッグして選択 ▶

┈┈┈ キーオブジェクト

① 複数のオブジェクトを選択します。

② 複数のオブジェクトが選択されている状態で、基準にするオブジェクトだけ再度クリックします。基準にするオブジェクト（キーオブジェクト）の境界線が太くなり、[整列] パネルの「整列基準：キーオブジェクト」が設定されます。

③ [整列] パネルの「水平方向左に整列」をクリックします。

④ 選択した複数のオブジェクトがキーオブジェクトの左端で整列されます。

Step 4 選択範囲内でオブジェクトの右を基準に分布する

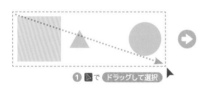

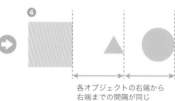

① 🖱️で ドラッグして選択 ▶

各オブジェクトの右端から
右端までの間隔が同じ

① 複数のオブジェクトを選択します。

② [整列] パネルの「整列基準：選択範囲」をクリックします。

③ [整列] パネルの「右端を基準に分布」をクリックします。

④ 選択した複数のオブジェクトがそれぞれの右端を基準にして等間隔に分布されます。

Step 5 選択範囲内でオブジェクトを等間隔に分布する

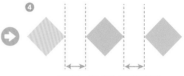

① 🖱️で ドラッグして選択 ▶

オブジェクト同士の間隔が同じ

① 複数のオブジェクトを選択します。

② [整列] パネルの「整列基準：選択範囲」をクリックします。

③ [整列] パネルの「水平方向等間隔に分布」をクリックします。

④ 選択した複数のオブジェクト同士が等間隔に分布されます。

Step 6 キーオブジェクトを基準にして等間隔に分布する

① ▶ で ドラッグして選択

オブジェクト同士の間隔が5mm

① 複数のオブジェクトを選択します。

② 複数のオブジェクトが選択されている状態で基準にするオブジェクトだけ再度クリックします。基準にするオブジェクト（キーオブジェクト）の境界線が太くなり、[整列] パネルの「整列基準：キーオブジェクト」が設定されます。

③ [整列] パネル下部の数値ボックスに [5mm] と入力します。

④ [整列] パネルの「水平方向等間隔に分布」をクリックします。

⑤ 選択した複数のオブジェクトがキーオブジェクトを基準に5mmずつ間隔を空けて分布されます。

- 整列基準、水平垂直、上下左右、整列、分布などそれぞれの機能を試して違いを確認してみてね。
- 整列をするときは先に整列基準を確認する習慣をつけよう。

STEP UP TOPICS

- ダイレクト選択ツール▶で複数のアンカーポイントをクリックで選択していくと、最後に選択したアンカーポイントが基準点になり整列ができます。
- [整列] パネルメニュー■から「プレビュー境界を使用」にチェックを入れると、線の太さに合わせた整列ができます。
  ※「プレビュー境界を使用」の設定は線の太さによってオブジェクトのサイズ値が変わります。基本的にはパスに整列させるためチェックを外した状態で作業しましょう。

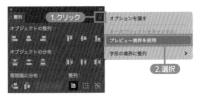

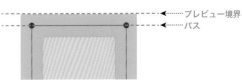

- [整列] パネルメニュー■から「字形の境界に整列」を設定すると、文字の形に合わせた整列ができます。
  ※文字の整列はフォントの仮想ボディの大きさによって変わります。試してみてどちらか使いやすい方で作業しましょう。文字入力はChapter8を参照。

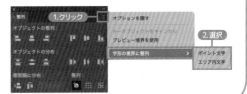

Lesson

06 連結平均でパスを整える

Key Point
- ● 離れている2つのアンカーポイント同士を繋ぐ機能です。
- ● オープンパスをクローズパスにすることもできます。
- ● 離れている2つのアンカーポイントを互いの距離の平均の場所で揃えます。

Step 1 | 離れている2つを繋ぐ

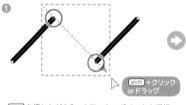

shift＋クリック
orドラッグ

shift を押しながら2つのアンカーポイントを選択
or ドラッグで囲んで選択

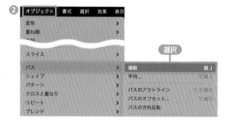

選択

① ダイレクト選択ツール ▶ で2つのアンカーポイントを選択します。
② メニューバー「オブジェクト」➡「パス」➡「連結」（command ＋ J ）をクリックします。
③ アンカーポイントが繋がります。

Step 2 | オープンパスをクローズパスにする

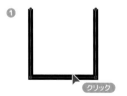

クリック

クローズパスにする場合は、全体選択でもOK

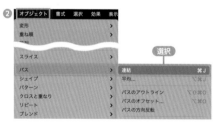

選択

① オープンパスオブジェクトを選択ツール ▶ で選択します。
② メニューバー「オブジェクト」➡「パス」➡「連結」（command ＋ J ）をクリックします。
③ アンカーポイントが連結され、クローズパスになります。

Chapter

5 オブジェクトを編集しよう

Step 3 　離れている2つを揃える

① ▶で 1 [shift] +クリック

▶で 2 [shift] +クリック

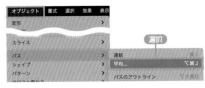

② オブジェクト 書式 選択 効果 表示
変形
スライス
パス　　　　　　連結
シェイプ　　　　平均...
パターン　　　　パスのアウトライン
選択

☼「水平軸」

③ 平均
平均の方法
◉ 水平軸
○ 垂直軸
○ 2軸とも
[キャンセル] [OK]

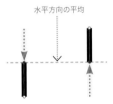

水平方向の平均

☼「垂直軸」

③ 平均
平均の方法
○ 水平軸
◉ 垂直軸
○ 2軸とも
[キャンセル] [OK]

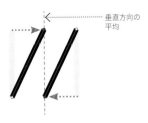

垂直方向の平均

① ダイレクト選択ツール ▶ で2つのアンカーポイントを選択します。

② メニューバー「オブジェクト」➡「パス」➡「平均」（[option] + [command] + [J]）をクリックします。

③ 2つのアンカーポイントが互いの位置の平均の場所で水平（もしくは垂直）に揃います。

Step 4 　2つのアンカーポイントを1つにする

① 平均
平均の方法
○ 水平軸
○ 垂直軸
◉ 2軸とも
[キャンセル] [OK]

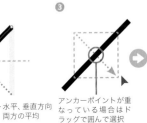

水平、垂直方向両方の平均

アンカーポイントが重なっている場合はドラッグで囲んで選択

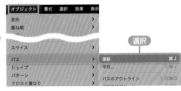

オブジェクト 書式 選択 効果 表示
変形
重ね順
スライス
パス　　　　　　連結　　　　⌘J
シェイプ　　　　平均...
パターン　　　　パスのアウトライン
クロスと重なり
選択

① [Step 3] の③で「2軸とも」を選択します。

② アンカーポイントが重なります。

③ そのまま連結すると、アンカーポイントが1つになりパスが繋がります。

連結のショートカット [command] + [J]（平均は [command] + [option] + [J]）は覚えておくと便利だよ。

STEP UP TOPICS

選択ツール ▶ でオブジェクトを選択した場合、近くのアンカーポイントを自動で判別して連結します。オープンパス同士を正確に連結したい場合はダイレクト選択ツール ▶ で個別に選択しましょう。

▶ で ドラッグして選択
全体を選択

隣接したアンカーポイントが連結される

連結したいアンカーポイントを選択した場合

▶ で クリックして選択

Lesson

07 パスのアウトライン

Key Point
- 線オブジェクトを塗りオブジェクトに変換して扱います。
- 塗りオブジェクトにすることで、細かい描画ができたり線のある図形を確定させることができます。

Step 1 パスをアウトライン化する

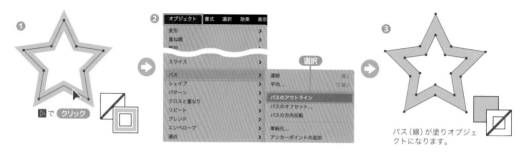

① オブジェクトを選択します。
② メニューバー「オブジェクト」➡「パス」➡「パスのアウトライン」を選択します。

③ アウトライン化したオブジェクトが塗りオブジェクトになります。

Step 2 アウトライン化して色を変える

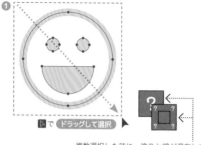

複数選択した時に、塗りと線が混在していたり、複数色使われていると「?」になります。

① オブジェクトを選択ツール ▶ でドラッグして囲みます。

② command を押しながら何もないところをクリックし、いったん選択解除をして選択ツール ▶ で線オブジェクトのみを選択します。

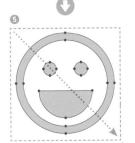

塗りの色を変更するだけで
オブジェクト全体の色を変
えられます。

▷ で ドラッグして選択

③ メニューバー「オブジェクト」➡「パス」➡「パスのア
　ウトライン」を選択します。

④ 線オブジェクトが塗りオブジェクトに変換されます。

⑤ すべてのオブジェクトを選択すると、塗りのみのオブ
　ジェクトになり、色を変更しやすくなります。

アウトライン化したら線の太さは変え
られなくなるよ！ 修正したいときの
ために、アウトライン化する前にオブ
ジェクトをコピーしてバックアップを
とっておこう。

STEPUP TOPICS

[環境設定] ダイアログボックスの「一般」にある「線幅と効果も拡大・縮小」にチェックを入れると、拡大・縮小時の線の太さ
がオブジェクトのサイズに比例します。チェックを外すと拡大・縮小時に線の太さがキープされ、図柄の印象を変えてしまい
ます。このミスを防ぐため、あらかじめパスのアウトラインをしておくことも作業によって必要になります。
「線幅と効果も拡大・縮小」は [環境設定] [拡大・縮小] [個別に変形] [変形] など多くのダイアログボックスにチェックボック
スがあります。すべてのパネルが連携しているので、変形作業をする際は必ず確認してから操作をしましょう。

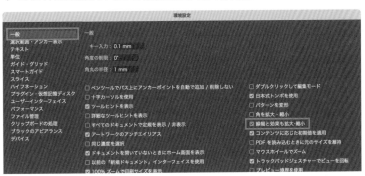

元のオブジェクト

チェックあり
☑ 線幅と効果も拡大・縮小

チェックなし
☐ 線幅と効果も拡大・縮小

150%拡大

線幅：3pt

線幅：4.5pt

線幅：3pt

Lesson 08 パスのオフセット

Key Point
- オブジェクトの形状に合わせて、同じ間隔だけ拡大縮小したオブジェクトを作成することができます。
- 縦横比を固定した拡大・縮小とパスのオフセットの違いを理解します。

Step 1 パスのオフセットの基本

パスのオフセットとは、指定した位置に選択したオブジェクトのコピーを作成する機能です。同じ形で一回りサイズが違うオブジェクトを作りたいときや、フチをつけたいときに便利です。

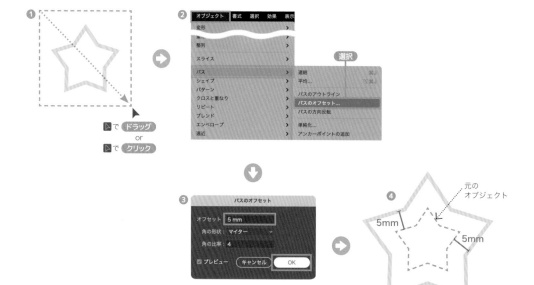

① 選択ツール ▷ でオブジェクトを選択します。

② メニューバー「オブジェクト」➡「パス」➡「パスのオフセット」を選択します。

③ [パスのオフセット] ダイアログボックスで、「オフセット」を [5mm] と入力して「OK」ボタンをクリックします。

④ 元のオブジェクトの周囲から5mmずつ拡大したオブジェクトがコピーされます。

Chapter
5
オブジェクトを編集しよう

Step 2 通常の拡大縮小とパスのオフセットの違いを確認

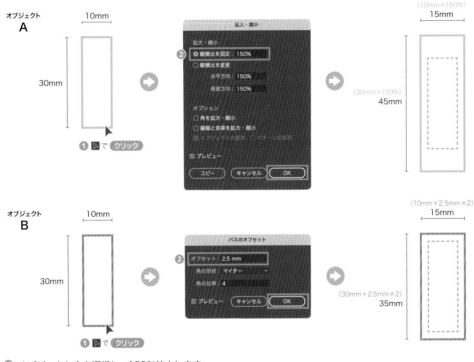

① オブジェクトAを選択し、150%拡大します。

② オブジェクトBを選択し、メニューバー「オブジェクト」
➡「パス」➡「パスのオフセット」をクリックします。[パスのオフセット] ダイアログボックスで「オフセット」を
[2.5mm] に設定します。

③ オブジェクトA、Bの違いを確認してみましょう。

横幅を15mmにする場合
オブジェクトA：縦横比率を維持して拡大
オブジェクトB：上下左右に2.5mmずつ拡大 (合計5mm)

「プレビュー」にチェック
を入れ、数値ボックスに
直接入力せずキーボード
の上下キーで数値を増減
すると、結果を確認しな
がら作業できるよ。

STEP UP TOPICS

[パスのオフセット] ダイアログボックスの角の形状を変更すると、結果が違ってくるので確認してみましょう。
複数のオブジェクトを選択しても、それぞれにパスのオフセットが適用されます。

元のオブジェクト

マイター

ラウンド

ベベル

Lesson **08** パスのオフセット

Lesson

09 ブレンド機能を使いこなす

Key Point
- 2つのオブジェクトから中間のオブジェクトを作成します。
- 複数のオブジェクトを等間隔に並べた状態で数を変更できます。

Step 1 ブレンド作成と基本的な設定

ブレンドツール

2つ以上のオブジェクトの中間に形状を作成して、均等に分布させる。

オブジェクト A **オブジェクト B**

2 ◎で クリック   **2** ◎で クリック   **4**

① ブレンドツール ◎ に切り替えます。

② オブジェクトAとオブジェクトBをそれぞれクリックします。

※オブジェクトはあらかじめ選択しておかなくてもOK。

③ AとBを選択したあと、メニューバー「オブジェクト」 ➡「ブレンド」➡「作成」(option + command + B) を選択しても結果は同じです。

④ AとBがブレンドされます。

Step 2 ブレンドオプションを使う

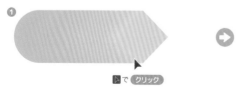

▶ で クリック

① Step1 で作成したオブジェクトを選択し、メニューバー「オブジェクト」➡「ブレンド」➡「ブレンドオプション」を選択します。

② ❋「スムーズカラー」を設定

❋「ステップ数」を設定

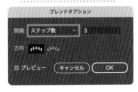

❋「距離」を設定

② [ブレンドオプション] ダイアログボックスで設定を変更します。

③ AとBの中間にブレンドされたオブジェクトが、それぞれの設定でブレンドされます。

Step 3 ブレンドの拡張と解除

❋ 拡張

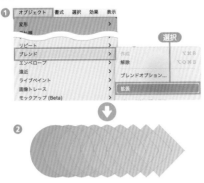

グループ化されています。

❋ 解除

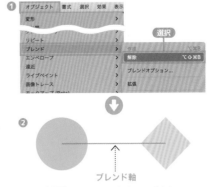

ブレンド軸

 ブレンドを解除すると塗りなし線なしのブレンド軸が残るので delete で消去します。

① Step2 でブレンドしたオブジェクトを選択し、メニューバー「オブジェクト」➡「ブレンド」➡「拡張」を選択します。

② ブレンドされたオブジェクトが実体化し、自動でグループ化されます。

① Step2 でブレンドしたオブジェクトを選択し、メニューバー「オブジェクト」➡「ブレンド」➡「解除」（ option + shift + command + B ）を選択します。

② ブレンドオブジェクトが解除され、元の2つのオブジェクトに戻ります。

※ブレンド軸が残るので delete で消去します。

Step 4 ブレンドオプションを設定する

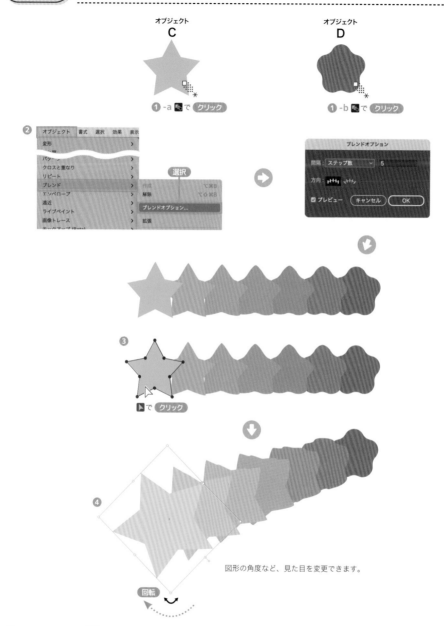

図形の角度など、見た目を変更できます。

❶ ブレンドツール でオブジェクトCとオブジェクト Dをそれぞれクリックします。

❷ メニューバー「オブジェクト」➡「ブレンド」➡「ブレンドオプション」を選択し、［ブレンドオプション］ダイアログボックスで設定を変更します。

ステップ数：5

❸ 選択を解除し、ダイレクト選択ツール でオブジェクトCのみ選択します。

❹ 色、角の形状、サイズ、位置や角度を変更します。

128

Chapter

5

オブジェクトを編集しよう

Step 5 ブレンド軸を置き換える

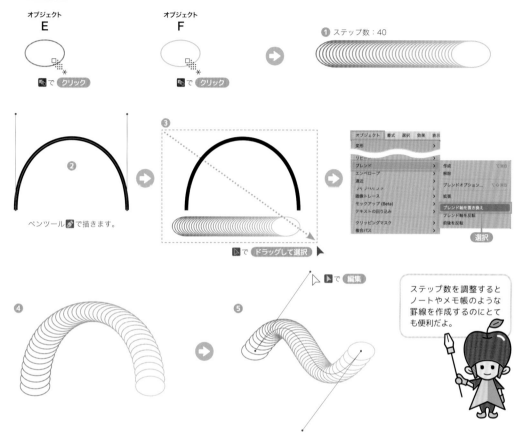

オブジェクト
E

オブジェクト
F

で クリック

で クリック

❶ ステップ数：40

ペンツール　で描きます。

で ドラッグして選択

で 編集

| オブジェクト | 書式 | 選択 | 効果 | 表示 |

変形

リピート
ブレンド　　　　　　　　　作成
エンベロープ　　　　　　　解除
遠近　　　　　　　　　　　ブレンドオプション…
　　　　　　　　　　　　　拡張
画像トレース
モックアップ (Beta)　　　　ブレンド軸を置き換え
テキストの回り込み　　　　ブレンド軸を反転
　　　　　　　　　　　　　前後を反転
クリッピングマスク
複合パス

選択

ステップ数を調整すると
ノートやメモ帳のような
罫線を作成するのにとて
も便利だよ。

❶ オブジェクトEとオブジェクトFでブレンドオブジェクトを作成します。

ステップ数：40

❷ ペンツール　で線を描きます。
　※ブレンドオブジェクトの骨格（ブレンド軸）になる線なので、線幅や線の色に指定はありません。

❸ 選択ツール　で❶と❷を選択し、メニューバー「オブジェクト」➡「ブレンド」➡「ブレンド軸を置き換え」を選択します。

❹ ペンツール　で描いた線にブレンド軸が置き換わります。

❺ 選択を解除し、ダイレクト選択ツール　でブレンド軸をパスとして編集します。

Lesson

09

ブレンド機能を使いこなす

STEP UP TOPICS

- ステップ数を調整したり、スムーズカラーを使うと文字を立体的に見せることもできます❶。
- ブレンド軸の置き換え以外にもブレンドメニューを試してみましょう❷。

❶

❷
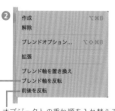

作成
解除

ブレンドオプション…

拡張

ブレンド軸を置き換え
ブレンド軸を反転
前後を反転

オブジェクトの重ね順を入れ替える
ブレンド軸の前後を入れ替える

Lesson

10 | グリッドに分割する

Key Point
- 四角形を分割してマス目状のオブジェクトを作成します。
- サイズや間隔などを設定して同じ大きさの四角形を作成します。
- 整列機能を使わずに表やレイアウトグリッドを作成します。

Step 1 長方形を分割する

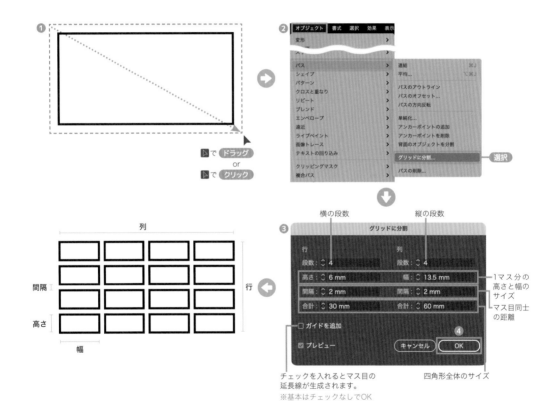

① 長方形を選択します。

② メニューバー「オブジェクト」➡「パス」➡「グリッドに分割」を選択します。

③ [グリッドに分割] ダイアログボックスに数値を入力します。

　行：4、列：4、間隔2mm

👉 プレビューにチェックを入れ、数値入力ボックスの上下矢印 ∧∨ をクリックすると結果を確認しながら作業できます。

④ 「OK」ボタンをクリックして確定します。

Step 2　グリッドで表を作る

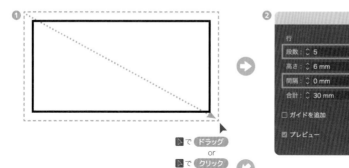

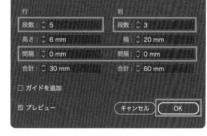

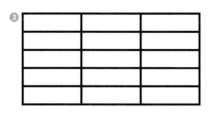

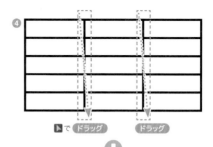

① 長方形を選択します。

② メニューバー「オブジェクト」➡「パス」➡「グリッド
に分割」を選択し、[グリッドに分割] ダイアログボック
スに数値を入力し「OK」ボタンをクリックします。

行：5、列：3、間隔0mm

👍 間隔を0mmに設定すると隙間のない表が作成できます。

③ command を押しながら何もないところをクリックして、
選択を解除します。

④ ダイレクト選択ツール▷で縦列のアンカーポイントを
ドラッグで選択して、左右へ移動します。

⑤ 文字を配置して表を作成します。

👍 文字ツールの詳細はChapter8を参照

POINT

色を変えたり、罫線をアレンジすると見やすい表ができ
ます。

STEPUP TOPICS

- 複数のオブジェクトを選択し、グリッドに分割を適用
すると選択した範囲から分割し直すことができます。

- インタビュー記事など格子状のレイアウトを作成する
際にも使用できます。

Lesson

11 | 不透明度と描画モード

Key Point

- オブジェクトや画像の不透明度を変更し、透明効果をかける機能です。
- 透明効果の応用で描画モードを使ったさまざまな表現ができます。

Step 1 不透明度を変更する

オブジェクトの不透明度を変更し、背面にあるものが透けて見えるようにします。

オブジェクトA

① ▶ で クリック

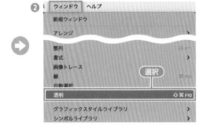
②

③

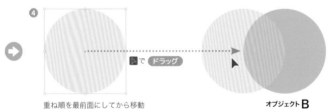
④ ▶ で ドラッグ
重ね順を最前面にしてから移動
オブジェクトB
重なった部分のオブジェクトBが透けて見えます。

① オブジェクト A を選択します。

② メニューバー「ウィンドウ」➡「透明」（shift + command + F10）を選択し、[透明]パネルを表示させます。

③ [透明]パネルの「不透明度」を変更し、オブジェクトAを透過します。

不透明度：50%

④ オブジェクトAを移動させ、オブジェクトBに重ねて透明効果を確認します。

パッと見は似ているけど「オブジェクトの色を薄くする」と「不透明度でオブジェクトを薄くする」では、オブジェクトの表現方法が違うので、重なった際の効果が変わるよ。

塗り色を薄くする　　不透明度を薄くする

Y（イエロー）54%　　　Y（イエロー）100%
不透明度 100%　　　　不透明度 50%

描画モード

複数のオブジェクトが重なった際、描画モードを適用することで、透明効果とは異なった表現ができる機能です。作例では「乗算」を解説します。

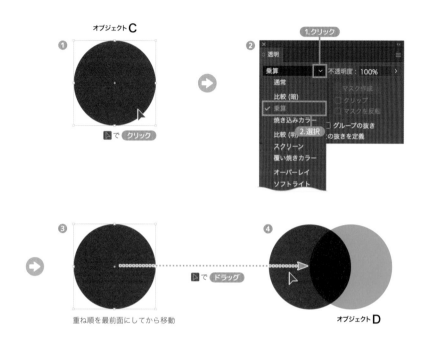

オブジェクト C

重ね順を最前面にしてから移動

オブジェクト D

1. クリック

2. 選択

① オブジェクト C を選択します。

② [透明] パネルにある描画モードの ✓ をクリックし、「乗算」を選択します。

③ オブジェクト C を移動させ、オブジェクト D に重ねて描画モードの乗算効果を確認します。

④ オブジェクト C とオブジェクト D の色が混ぜ合わさったような色味の表現になります。

STEPUP TOPICS

• 透明効果を利用することで重なったオブジェクト同士による表現の幅が広がります。

• 描画モードには他にもたくさんの種類があります。少しずつ慣れながら試していきましょう。

12 | 不透明マスクを使う

Key Point →
- 不透明度を適用しながらマスク処理を行う機能です。
- 画像の一部に不透明度を適用することで、徐々に消えていくような効果をかけることができます。

Step 1 | 不透明マスクの作成と解除

グラデーションを適用したオブジェクトでマスクをかけます。　　※グラデーションの設定はP.164を参照。

❶
sakura.psd

❷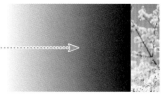
ドラッグして重ねる

グラデーション
白色位置0%、黒色位置100%、グラデーションスライダー位置50%
※不透明マスクの色は必ずグレースケール（白、黒、グレー）で作成します。

❸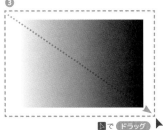
 で ドラッグ ▶

[透明] パネル

マスク作成 ❹

グラデーションの黒は隠す、白は見える。

❶ P.102と同様の手順で、画像 (sakura.psd) をリンク配置します。

❷ 長方形に白色から黒色のグラデーションを適用し、重ね順を最前面にして画像の上に移動します。

❸ 選択ツール ▶ で❶の画像と❷の長方形を選択します。

❹ [透明] パネルで、「マスク作成」をクリックします。

❺ グラデーションの黒色の部分だけが、画像を隠すようになります。

❄ 不透明マスクの解除

不透明マスクを解除するときは、[透明] パネルの「解除」をクリックします。

解除

マスクが解除され画像とオブジェクトになります。

Step 2 不透明マスクを編集する

Step 1 の手順 ⑤ で作成した画像を使用して、不透明マスクを編集します。

Step1の画像。

透明部分を増やしました。

文字を追加しました。

❶

[透明] パネル

❷

[グラデーション] パネル

❸

❶ [透明] パネルの右側にあるサムネイルをクリックして、不透明マスクモードに切り替えます。

❷ [グラデーション] パネルで、白色と黒色のスライダーを移動させ、グラデーションの分量を変更します。

❸ [透明] パネルの左側のサムネイルをクリックしてモードを切り替えると、通常の作業を続けることができます。

POINT

不透明マスクの編集中は、[レイヤー] パネルが不透明マスクモードの表示になります。

STEPUP TOPICS

不透明マスクの背面に背景オブジェクトを重ねると、画像が透過され背景と一体化したような表現ができます。

練習問題
オブジェクトの編集

Sample File Work_05.ai

オブジェクトを編集する機能を使って、練習問題を解きましょう。最初はお手本を見ながら行い、慣れてきたら機能を自由に使ってみましょう。

練習A クリッピングマスクを作成しよう

使用ツール

オブジェクトをクリックして、画像の上に移動する

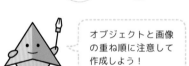

オブジェクトと画像の重ね順に注意して作成しよう！

クリッピングマスクを作成する（P.104参照）

※クリッピングする形状のオブジェクトのレイヤーがマスクの対象となるオブジェクトより下にある場合には、クリッピングマスクが作成できない旨のダイアログボックスが表示されます。

練習B 複合パスを使って土星の輪を完成させよう

使用ツール

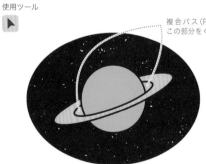

複合パス（P.106参照）でこの部分をくり抜く

見本

Hint

2つ以上のオブジェクトがあれば、複合パスを作成できるんだったね。土星の輪が2つの楕円で構成されていることに気がついたかな？

練習C **パスファインダーを使ってイラストを完成させよう**

使用ツール

パスファインダーを使用するときは、オブジェクトの重なり順が結果に影響を与えます。
複数のオブジェクトの重なっている場合は、最前面のオブジェクトが選択されます。

見本

2つのオブジェクト
を選択して、前面オ
ブジェクトで型抜き
（P.109参照）

2つのオブジェクト
を選択して、合体
（P.109参照）

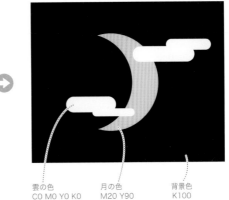

雲の色
C0 M0 Y0 K0

月の色
M20 Y90

背景色
K100

パスファインダーの種類はたくさん！
いろいろと触りながらトライ＆エラーで
覚えていこう。

練習D 中央の車を基準にして駐車位置を揃えよう

使用ツール

基準の位置

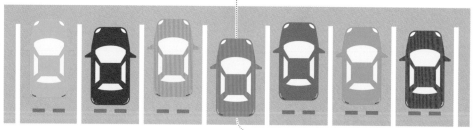

他の車も同じように下に移動したいので、
下端揃えにする（P.116参照）

❶ shift キーを押しながら七台の車をクリックし選択された状態で、基準の位置とする車だけをクリックすると境界線が太くなり、キーオブジェクトに設定されます。

❷ ［整列］パネルの「オブジェクトの整列」で「垂直方向下に整列」をクリックすると、すべての車の駐車位置を揃えることができます（P.118参照）。

練習E パスのオフセットで文字にフチをつけよう

使用ツール

文字のオブジェクトをすべて選択し、
パスのオフセットを適用する（P.124参照）

見本

元のオブジェクトより背後に作成されたフチのオブジェクトをすべて選択し、「塗り」で色をつける

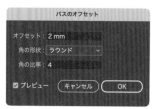

パスのオフセット

オフセット：2 mm
角の形状：ラウンド
角の比率：4

☑ プレビュー　（キャンセル）（OK）

Hint

オフセットの角の形状は、
● マイター（そのまま）
● ラウンド（丸くする）
● ベベル（斜角にする）
から選べるよ。

練習F ブレンドツールを使って鉛筆を20本並べよう

使用ツール

ブレンドツール（P.126参照）で
それぞれクリックする

見本

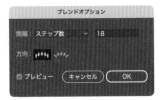

ブレンドオプション

間隔：ステップ数 ∨ 18

方向：

☑プレビュー　（キャンセル）　（OK）

Hint

ブレンドの間隔の設定方法には、

● スムーズカラー
● ステップ数
● 距離

の3つがあるよ。
ここでは20本並べるという指定があるから、
ステップ数を使うといいね。

練習G グラデーション図形で不透明マスクを適用しよう

使用ツール

楕円形ツールで円を描き、
塗りに円形グラデーション（P.166）を適用する

写真の上にグラデーションを適用した図形を配置し、
［透明］パネルからマスクを作成する（P.134参照）

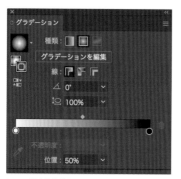

見本

※この設定値を変えると、写真の不透明マスクの
表示を変更できます。

オブジェクトと画像
の重ね順に注意して
作成しよう！

不透明マスクは［透明］
パネルで設定するん
だったね！

Chapter

6

アピアランスを
使おう

Lesson

01 アピアランスの基本を知ろう

Key Point
- 元のオブジェクトの形状を変えずに見た目だけを追加、加工する機能です。
- 元の図形や文字を編集できるので、変更や修正が容易で何度も調整できます。
- 多くの機能があるので、まずは基本的な機能を理解します。

Step 1 文字にフチをつける（袋文字）

[アピアランス]パネル

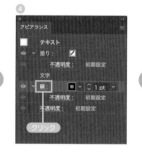

⑤[線]パネル

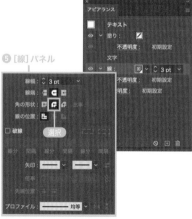

文字の上に線があると、線の太さで文字がつぶれるよ。

① 選択ツール で文字を選択します。
※游ゴシック体で設定していますが、フォントは好きなものでOK。

② メニューバー「ウィンドウ」→「アピアランス」（shift＋F6）を選択し、[アピアランス]パネルを表示させます。

パネル左下の「新規線を追加」をクリックします。

③ [アピアランス]パネル上の「線：」をクリック＆ドラッグで「文字」の下に移動します。

👍 「文字」の下に移動することで線が文字の下にできるので、線幅を変更しても文字がつぶれません。

④ 黒の線が文字の下に移動したことを確認できたら「線：」をクリックします。

⑤ [線]パネルが表示されるので、角の形状をラウンド にして線幅を調整し色も変更します。

✿ 文字を変更する

晴れのち雨

⬇

晴れのち雨

選択した文字は色が反転します。

⬇

曇りのち雨

⑥ 文字ツール **T** に切り替え、ドラッグして選択します。

👍 文字ツールの詳細は Chapter8 を参照

⑦ 「晴れ」の部分を「曇り」に打ち替えます。

POINT

効果（アピアランス）を
削除する場合は、項目
をゴミ箱🗑へクリック
＆ドラッグします。

POINT

Step1 の状態の説明

文字の塗りを変更する場合は、元の設定を「塗りなし」「線なし」にして［アピアランス］パネル上で塗りを変更すると、パネルを見ただけで状態がわかりやすくなります。

このパネルを見るだけで塗りと線の状態を確認できるよ！

赤色の線3ptを
アピアランスで追加

→ 晴れのち雨 ←

水色の塗りを
アピアランスで追加

赤色の線3ptを
アピアランスで追加

元の設定

元の設定が適用
されている水色
の塗り

アピアランスが適用されていない元の設定

元の設定を塗りなし、線なしに変更

塗りをグラデーションにする場合は、アピアランス上の塗りを適用します。

👍 グラデーションの設定は Chapter7 を参照

▲例：グラデーションを適用した場合の作例とパネル

Step 2　オブジェクトに影をつける

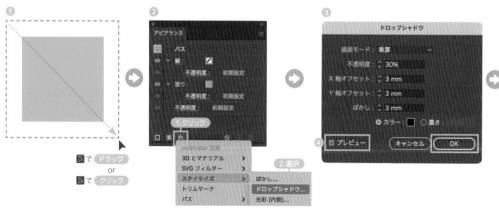

① 選択ツール ▷ でオブジェクトを選択します。

② [アピアランス] パネルの「新規効果を追加」 ⨍ ⨍ ➡「スタイライズ」➡「ドロップシャドウ」を選択します。

③ [ドロップシャドウ] ダイアログボックスで設定します。
　※描画モードについてはP.133を参照してください。

描画モード：乗算	ぼかし：3mm
不透明度：30%	カラー：黒
X軸オフセット：3mm	
Y軸オフセット：3mm	

④ プレビューで確認し、「OK」ボタンをクリックします。

⑤ [アピアランス] パネルの「ドロップシャドウ」をクリックすると編集が可能になります。

POINT

[プロパティ] パネルに表示されている現在選択しているオブジェクトの情報は、
[コントロール] パネルにも表示されます。

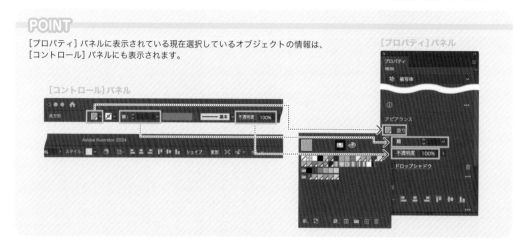

Step 3 オブジェクトを背面から照らす

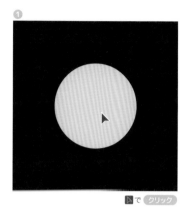

▶ で クリック

① 選択ツール ▶ で正円オブジェクトを選択します。

② [アピアランス] パネルの「新規効果を追加」 🔆 ➡「ス
タイライズ」➡「光彩 (外側)」を選択します。

③ [光彩 (外側)] ダイアログボックスで設定します。

　描画モード：スクリーン
　カラー：白
　不透明度：50%
　ぼかし：5mm

④ プレビューで確認し、「OK」ボタンをクリックします。

⑤ [アピアランス] パネルの「光彩(外側)」をクリックす
ると、編集が可能になります。

POINT

オブジェクトを選択 ➡

・[アピアランス] パネル
　左下の 🔆 をクリック
・「効果」メニュー ➡
　効果

上記2つは同じ操作にな
ります。
アピアランス設定後に編
集したい場合は [アピア
ランス] パネルから行え
ます。

効果

Step 4　オブジェクトをぼかす［スタイライズ：ぼかし］

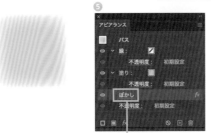

① 選択ツール ▶ でオブジェクトを選択します。

② ［アピアランス］パネルの「新規効果を追加」*fx.* ➡「スタイライズ」➡「ぼかし」を選択します。

③ ［ぼかし］ダイアログボックスで設定します。

　半径：5mm

④ プレビューで確認し「OK」ボタンをクリックします。

⑤ ［アピアランス］パネルの「ぼかし」の文字をクリックすると編集が可能になります。

Step 5　オブジェクトをぼかす［Photoshop効果：ぼかし（ガウス）］

① 選択ツール ▶ でオブジェクトを選択します。

② ［アピアランス］パネルの「新規効果を追加」*fx.* ➡「Photoshop効果ぼかし」➡「ぼかし（ガウス）」を選択します。

③ ［ぼかし（ガウス）］ダイアログボックスで設定します。

　半径：30pixel

④ プレビューで確認し「OK」ボタンをクリックします。

⑤ ［アピアランス］パネルの「ぼかし」をクリックすると編集が可能になります。

スタイライズのぼかしとPhotoshop効果のぼかし(ガウス)
の違いを理解しましょう。

スタイライズのぼかし
パスの内側のみぼかす

Photoshop効果のぼかし(ガウス)
パスを基準に内外両方向へぼかす

Step 6 オブジェクトを落書きのようにする

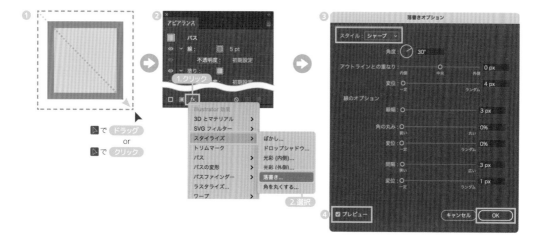

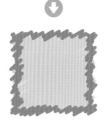

① 選択ツール で オブジェクトを選択します。

② [アピアランス] パネルの「新規効果を追加」 ➡「ス
タイライズ」➡「落書き」を選択します。

③ [落書きオプション] ダイアログボックスで設定しま
す。
今回は「スタイル：シャープ」を選択しました。先に
数値が入っているので、プレビューを確認しながら数
値を変更します。

角度：30°
アウトラインとの重なり：0px
変位：4px
[線のオプション]　線幅：3px　角の丸み：0%
　　　　　　　　　　変位：0%　　間隔：3px
　　　　　　　　　　変位：1px

④ プレビューで確認し「OK」ボタンをクリックします。
各項目のスライダーや数値を変更するとカスタムでき
ます。

⑤ [アピアランス] パネルの「落書き」をクリックすると
編集が可能になります。

Lesson

01

アピアランスの基本を知ろう

Step 7　パスをジグザグにする

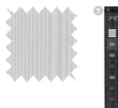

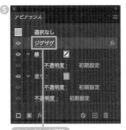

① 選択ツール▶でオブジェクトを選択します。

② [アピアランス] パネルの「新規効果を追加」*fx.*➡「パスの変形」➡「ジグザグ」を選択します。

③ [ジグザグ] ダイアログボックスで設定します。

大きさ：5％ ※パーセントと入力値が選択できます。
折り返し：10
ポイント：直線的に ※「滑らかに」にチェックを入れると波線になります。

④ プレビューで確認し「OK」ボタンをクリックします。

⑤ [アピアランス] パネルの「ジグザグ」をクリックすると編集が可能になります。

Step 8　パスを粗くする

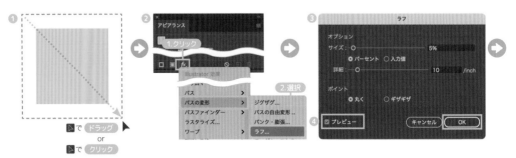

① 選択ツール▶でオブジェクトを選択します。

② [アピアランス] パネルの「新規効果を追加」*fx.*➡「パスの変形」➡「ラフ」を選択します。

③ [ラフ] ダイアログボックスで設定します。

サイズ：5％ ※パーセントと入力値が選択できます。
詳細：10
ポイント：丸く ※「ギザギザ」にチェックを入れるとギザギザの線になります。

④ プレビューで確認し、「OK」ボタンをクリックします。

⑤ [アピアランス] パネルの「ラフ」をクリックすると、編集が可能になります。

 **Step 9** オブジェクトを曲げる（ワープ）

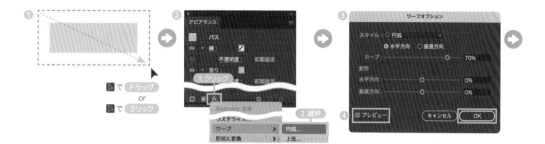

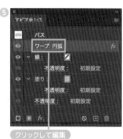

クリックして編集

① 選択ツール▶でオブジェクトを選択します。

② [アピアランス] パネルの「新規効果を追加」*fx* ➡
「ワープ」 ➡「円弧」を選択します。

③ [ワープオプション] ダイアログボックスで設定します。

　　スタイル：円弧
　　　　　　水平方向 ※水平方向と垂直方向が選択できます。
　　カーブ：70%
　　変形：0% ※水平方向と垂直方向に変形ができます。

④ プレビューで確認し、「OK」ボタンをクリックします。

⑤ [アピアランス] パネルの「ワープ：円弧」をクリック
すると、編集が可能になります。

⑥ [ワープオプション] ダイアログボックスのスタイルの
項目から他のワープ効果を選択できます。効果によっ
て形状が違うので試してみましょう。

　紹介したアピアランスはほ
　んの一部だよ。少しずつ試
　して慣れていこう。

POINT

アピアランスは元のオブジェクトの形状や設定を仮に変更し表示している状態です。別の環境（他のPCやIllustratorのバージョン）によって表示が崩れることもあります。別の環境とファイルを共有する場合はアピアランスを分割しておくとより安全です。

※アピアランスを分割すると command +
Z 以外では戻らなくなるので、必ずア
ピアランスを分割する前のファイルの
バックアップをとっておきましょう。

Lesson

01 アピアランスの基本を知ろう

149

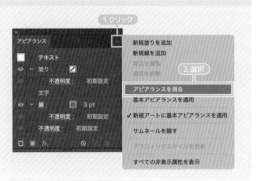

POINT

アピアランスをすべて消去して元
の状態に戻すには、アピアランス
オプション■⇒「アピアランスを
消去」で設定を解除します。

STEPUP TOPICS

- Photoshop効果を使うとIllustratorに負荷がかかるので、操作は慎重に行うことをおすすめします。
- 種類の違うアピアランスを組み合わせたり、グループ化してアピアランスを適用したりさまざまな使い方があります。いろいろと試してみましょう。

アピアランスを使用した例1

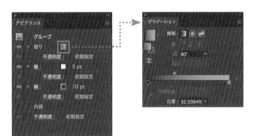

塗りが黄色と赤色のグラデーションで、その下に白色のフチと赤色のフチをそれぞれ線幅を変えて重ねています。

アピアランスを使用した例2

パーツをグループ化して一括でアピアランスを適用しています。

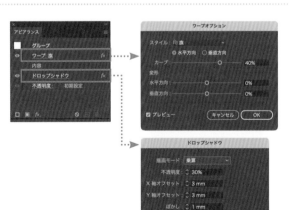

Sample File Ch06_02.ai

02 アピアランスを適用して組み合わせる

Key Point
- 1つのオブジェクトに、アピアランスを複数重ねることができます。
- 重ねる順番で見た目が変わることを理解します。
- アピアランスを適用したオブジェクトを重ねて表現できます。

Step 1　星のオブジェクトの作成

20度ずつ複製します。

星のサイズを変更します。

複合パスにします。

円形グラデーションを設定します。

基準点から右に複製するときは-20度に設定しよう!

① 星の基準点を決めます。

② 選択ツール ▶ で星を選択し、回転ツール ◑ に切り替えて基準点をクリックします。「回転」ダイアログボックスで左右に20度ずつ複製します（P.83参照）。

③ 星の大きさを、左端から [60％]、[80％]、[100％]、[80％]、[60％] に設定します。

④ 複合パスにします（P.106参照）。

⑤ 円形グラデーションを適用します（P.164参照）。

Step 2 リボンに丸みを持たせる

好みの色でリボンを塗ります。

「ワープ：アーチ」で丸みが
出ました。

① 選択ツール ▶ でオブジェクトを選択してグループ化します。

② アピアランス *fx.* ➡「ワープ」➡「アーチ」を選択します。

③ [ワープオプション] ダイアログボックスで設定します。

スタイル：アーチ
水平方向
カーブ：20%

④ プレビューで確認し、「OK」ボタンをクリックします。

⑤ [アピアランス] パネルの「ワープ：アーチ」をクリックすると、編集が可能になります。

Step 3 月桂樹に丸みを持たせる

好みの色で月桂樹
を塗ります。

「ワープ：円弧」で
丸みが出ました。

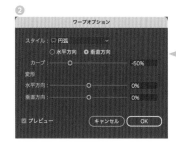

① Step 2 と同様の手順で、月桂樹のオブジェクトに「ワープ：円弧」を適用します。

② 「ワープオプション」ダイアログボックスで設定します。

スタイル：円弧
垂直方向
カーブ：-50%

③ [アピアランス] パネルの「ワープ：円弧」をクリックすると、編集が可能になります。

Step 4 メダルにグラデーションをかける

デフォルトのグラデーション（メタル）を、塗りと線に適用します。

※P.150（STEPUP TOPICS）を参照

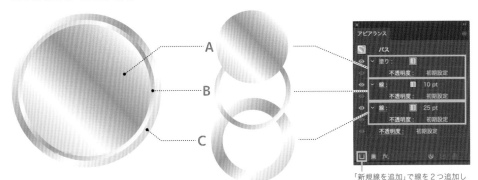

「新規線を追加」で線を2つ追加します。

※縮小しています

Aの設定

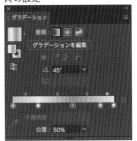

Bの設定

線の太さ：10pt
グラデーションの角度：-45°

Cの設定

線の太さ：25pt
グラデーションの角度：135°

① 新規の線を2つ追加作成し、それぞれグラデーション
　の角度を変えることで金属の反射を表現します。

作るのが大変そうなオブ
ジェクトも、アピアランス
を使うと簡単にできるよ。

作り方を覚えておくと
応用もできるね！

Lesson 03 グラフィックスタイルを適用する

Key Point
- アピアランスを保存して別のオブジェクトに適用する機能です。
- 複雑に設定したものや多くのオブジェクトに適用する場合に使用します。

Step 1 グラフィックスタイルの登録と適用

オブジェクト A

①

▶で ドラッグ
or
▶で クリック

②

「新規効果を追加」➡「パスの変形」➡「ラフ」からラフ効果を適用し、ザラっとした雰囲気のオブジェクトにします。

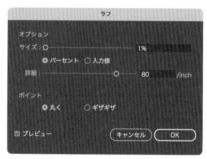

「新規効果を追加」➡「ワープ」から「スタイル：旗」を適用し、波打ったような効果をかけます。

① 選択ツール ▶ でオブジェクト A を選択します。
② アピアランスを適用します。

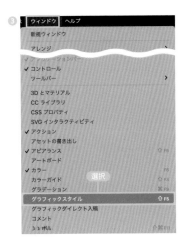

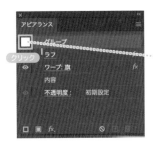

オブジェクト **B**

で ドラッグ
or
で クリック

登録したグラフィックスタイル

③ メニューバー「ウィンドウ」➡「グラフィックスタイル」（shift + F5）を選択し、[グラフィックスタイル] パネルを表示させます。

④ オブジェクトを選択し、②で適用した [アピアランス] パネル左上のアイコンを [グラフィックスタイル] パネルへドラッグします。

⑤ ②で設定したアピアランス情報がグラフィックスタイルに登録されます。登録されたサムネイルをダブルクリックすると名称が変更できます。

⑥ オブジェクトBを選択します。

⑦ ⑤で登録したグラフィックスタイルをクリックしてオブジェクトBに適用します。

グラフィックスタイルで適用したアピアランスも [アピアランス] パネルから編集できるよ。

STEP UP TOPICS

- [アピアランス] パネル上で設定していない「塗り」はグラフィックスタイルに登録されず適用もされません。

- [レイヤー] パネル内の操作でアピアランスの移動や複製もできます（右図参照）。

アピアランスの移動

クリック+ドラッグで移動

アピアランスの複製

option クリック+ドラッグで複製

Work 06

練習問題

アピアランスの活用

Sample File Work_06.ai

アピアランスは、元のデータを変えずに見た目を変えることができます。自由に使いこなせると表現の幅が格段に広がります。

練習A **アピアランスを重ねて割引マークを作ろう**

使用ツール

見本

① 文字に影をつける
（P.144参照）

③ オブジェクトに白いフチをつける（P.142参照）

アピアランスを適用した赤いオブジェクトを複製して色を変える

② オブジェクトのフチをジグザグにする
（P.148参照）

それぞれのオブジェクトに適用した効果は、[アピアランス]パネルで確認することができます。

参考設定値	①ドロップシャドウ	②ジグザグ	③白いフチ
	描画モード：乗算 不透明度　：60% X・Y軸オフセット：2mm ぼかし　　：0.5mm	大きさ　：5% 折り返し：10 ポイント：直線的に	線：5pt

---

練習B **アピアランスで破線を追加してみよう**

使用ツール

STATION

[アピアランス]パネルの「線：」をクリックし、すでにある黒い直線（14pt）の上に白い破線（10pt）（P.36参照）を追加する

STATION

見本

156

練習C TOMATO SOUPの文字をアピアランス（ワープ）で曲げてみよう

使用ツール

文字部分を「ワープ」で
曲げる（P.152参照）。

見本

参考設定値

ワープ
スタイル：アーチ
　　　　水平方向
カーブ：-17%
変形：水平方向 0%
　　　垂直方向 0%

Work 06　アピアランスの活用

練習D P.151〜153で作ったリボンとメダルに文字を入れてアイコンを完成させよう

使用ツール

太さの違う2本の線
を追加し、角度の違
うグラデーションを
設定する

見本

パス上文字ツールで
文字を入力する

Hint

メダルの中の文字に線を
追加して、グラデーショ
ンを適用してみよう！

参考設定値

線（外側）
線の太さ：5pt
グラデーションの角度：0°
線（内側）
線の太さ：2pt
グラデーションの角度：90°

Column

イラレ一年生が知りたい Q&A

> イラレ一年生が知りたいこと・悩んでいることについて、現役デザイナーがお答えします!

Q ショートカットは覚えた方がいいですか?

A 作業効率が良くなるため、覚えることをおすすめします。まずは自分がよく使う操作のものから徐々に覚えていきましょう。

Q イラレの練習方法にコツはありますか?

A 練習用の課題ばかりだと飽きてきますよね。自分で作りたいデザインや自分が良いなと思ったデザインをマネして作ってみると、新しい発見もあって上達のヒントになると思います。

Q イラレ以外で、デザイナーになるために必須のスキルはありますか?

A ソフトでは、最低限Photoshopは必須です。仕事スキルでは、作成したデザインについて意図や狙いを言葉で説明する力も大切です。ビジュアルだけでは人によって受け取り方が違うので、デザインを言語化して解説できると、説得力や信頼感が増します。

Q 色の選択や配色が苦手です

A まずは全体を構成する色を「黒白+3色以内」でまとめてみましょう。また写真を使うなら、その写真にある色味を使うと配色も決めやすく、バランスも取れます。色合いも大事ですが、彩度や明るさを揃えるとデザインの雰囲気が整います。

Q ベジェ曲線が苦手です

A ペンツールで描くときは、はじめから理想の線を描こうとせずに、ガタガタでかまわないので1度オブジェクトを描ききってみてください。その後にパス、ハンドル、アンカーポイントの調整を繰り返すことで、ペンツールで理想的な線をストレスなく描けるようになっていきます。マウスがあると細かい微調整もしやすく、操作性も良くなるのでおすすめです。

Q レイアウトが素人っぽいと感じています

A 「素人っぽい」と判断できるということは、目が養われている証です。まずはいろいろな作例を細かく観察してみましょう。プロのデザインは、要素や情報に優先順位がつけられ、整理整頓されているはずです。レイアウトの中で強弱や整列を意識することで、ステップアップのきっかけになります。

Q デザインのバリエーションが少ないのが悩みです

A 最初からオリジナルのものを生み出そうと考えず、既存のデザインをアレンジするなどして自分の引き出しを増やしていきましょう。それらが混ざり合ってバリエーションになり、いつかオリジナルものを生み出す力になります。

色とパターンを使おう

Sample File Ch07_01.ai

Lesson

01 | 色を選択する

Key Point
- オブジェクトや文字に色をつける方法を習得します。
- 色の調整や好みの色を作る基礎を習得します。

Step 1 ［スウォッチ］パネルから色を選ぶ

［スウォッチ］パネルから色を選択して、オブジェクトに色をつけます。

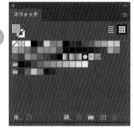

［スウォッチ］パネル

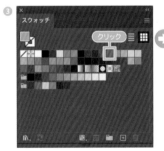

塗りの色を変更しました。

線の色を変更し、塗りを［なし］にしました。

❶ 選択ツール ▶ でオブジェクトを選択し、ツールバー下部の塗りボックスをクリックして前面に出します。

❷ メニューバー「ウィンドウ」➡「スウォッチ」をクリックし、［スウォッチ］パネルを表示させます。

❸ パネル内の任意の色をクリックして、塗りの色を変更します。ここではオレンジにしました。

❹ 線をクリックして、同じように［スウォッチ］パネルから任意の色を選択し、線の色を変更します。ここでは緑にしました。

👍 色をつけたくない場合は、［なし］ ☑ を選択します。

線の色が［なし］☑ の場合は線幅は0ptだよ。線を白にしたい場合は［ホワイト］□ を選択してね。

Step 2 ［カラー］パネルで色を決める

［カラー］パネルから色を選択して、オブジェクトに色をつけます。

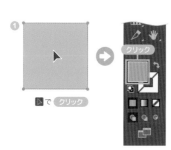  

［カラー］パネル

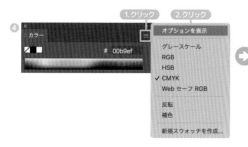 

色を変更します。

① 選択ツール ▷ でオブジェクトを選択し、ツールバー下部の塗りをクリックして前面に出します。

② メニューバー「ウィンドウ」➡「カラー」を選択し、[カラー] パネルを表示させます。

③ カラーピッカーをクリックして、色を選択します。

④ パネル右上のオプションメニュー ☰ からオプションを表示させ、カラーバーのスライダーや数値でも色を変更できます。

Lesson 01 色を選択する

161

カラーピッカーから色を選択して、オブジェクトに色をつけます。

[カラーピッカー]ダイアログボックス

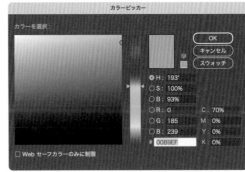

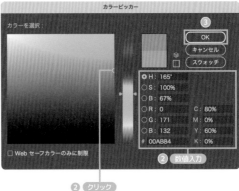

① 選択ツール ▶ でオブジェクトを選択し、ツールバー下部の塗りをダブルクリックします。

② [カラーピッカー] ダイアログボックスが表示されたら、直接クリックや数値入力をして色を変更します。

③ 「OK」ボタンをクリックして色を確定します。

- キーボードを英数字入力にして ⒟ を押すと、初期設定（塗り：白、線：黒、線幅：1pt）にリセットされます。
- ファイルのカラーモードと [カラー] パネルのカラーモードは、同じもので作業することをおすすめします❶❷。
- 塗りと線のボックスはファイル内ですべて連動しているので、作業に応じたパネルで操作します。
- [スウォッチ] パネル内で「塗りと線のボックス」のカラー部分をドラッグすると、新規のカラーを登録できます❸。

ファイルのカラーモード

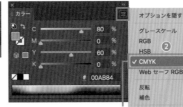

[カラー] パネルのカラーモード

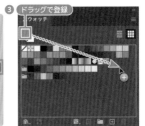

Chapter **7** 色とパターンを使おう

Illustratorの生成AI機能でできること

● テキストからベクター生成

❶ [プロパティ] パネルにある「テキストからベクター生成」を表示します。
メニューバー「ウィンドウ」➡「テキストからベクター生成」からも表示できます。

❷「プロンプト」を入力します。ここでは、「桜　青空」と入力しました。「生成」ボタンをクリックします。
プロンプトとは、AIに対して与える指示書のようなものです。

❸「生成」ボタンをクリックすると、自動で画像が生成されます。3パターンの画像が生成されるので、好みのデザインを選択します。

❹ 納得のいく結果になるまで、生成を繰り返したりプロンプトを変更したりします。

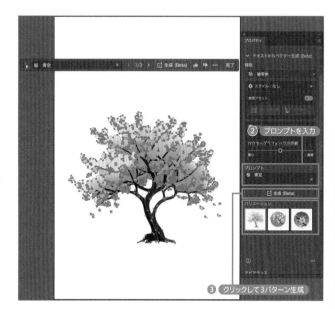

● 生成再配色

❶ メニューバー「ウィンドウ」➡「コンテキストタスクバー」を表示します。

❷ 再配色したい画像を選択し、コンテキストタスクバーの「再配色」をクリックします。

❸「生成再配色」をクリックします。

❹ 生成したい雰囲気やテーマをプロンプトとして入力し、「生成」ボタンをクリックすると、4パターンの配色が生成されるので、好みの配色を選択します。

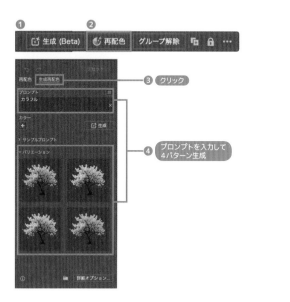

Lesson

02 | グラデーションを使う

Key Point
- グラデーションの設定方法と仕組みを理解します。
- グラデーションの基本的な種類と使い分けを習得します。

Step 1 [グラデーション]パネルを使った基本的な設定と編集

[グラデーション]パネル

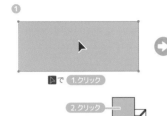
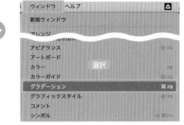

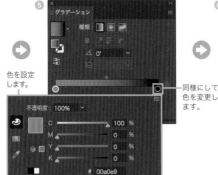
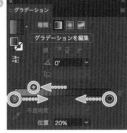

色を設定します。

同様にして色を変更します。

ドラッグして色の分量を調整します。

① 選択ツール ▶ でオブジェクト
を選択して、塗りボックスを
クリックします。

② メニューバー「ウィンドウ」➡「グラデーション」
（command + F9）で[グラデーション]パネルを表示し
ます。

③ パネル内のグラデーションのサムネイルをクリックし
て、初期設定（白から黒のグラデーション）を適用します。

④ グラデーションバーの下にある分岐点をダブルクリック
して色を変更します。

⑤ カラーバーで色を変更するか、スウォッチから色を選
択します。

※1つ1つ分岐点を選択して色を変更します。

⑥ グラデーションバーの上にあるスライダーをドラッグ
して色の分量を調整します。

164

▶ [グラデーション]パネルの詳細

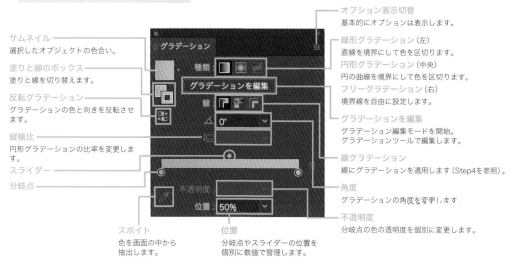

サムネイル
選択したオブジェクトの色合い。

塗りと線のボックス
塗りと線を切り替えます。

反転グラデーション
グラデーションの色と向きを反転させます。

縦横比
円形グラデーションの比率を変更します。

スライダー

分岐点

スポイト
色を画面の中から抽出します。

位置
分岐点やスライダーの位置を個別に数値で管理します。

オプション表示切替
基本的にオプションは表示します。

線形グラデーション（左）
直線を境界にして色を区切ります。

円形グラデーション（中央）
円の曲線を境界にして色を区切ります。

フリーグラデーション（右）
境界線を自由に設定します。

グラデーションを編集
グラデーション編集モードを開始。グラデーションツールで編集します。

線グラデーション
線にグラデーションを適用します（Step4を参照）。

角度
グラデーションの角度を変更します。

不透明度
分岐点の色の透明度を個別に変更します。

Step 2 グラデーションツールを使った設定と編集

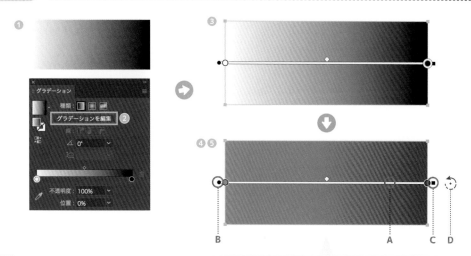

① **Step 1** の❸まで進めます。

② [グラデーション] パネルの「グラデーションを編集」をクリックします。

③ グラデーションツール ▣ に切り替わり、オブジェクトの上で直接スライダーを動かして編集します。

④ オブジェクト上のグラデーションバーを直接ドラッグします。色の設定方法は **Step 1** と同じです。

⑤ 線形グラデーションの始点終点の位置、大きさ、角度を変更します。

A ドラッグでグラデーションバーの位置を変更。

B スライダー始点●マークをドラッグでグラデーションバーの位置を変更。
※Aと同じ

C スライダー終点■マークをドラッグでグラデーションバーの長さを変更。

D スライダーの少し離れたところで ↻ が出たらドラッグで角度を変更。

POINT

円形グラデーションでも同じように始点終点の場所、大きさ、角度を変更できます。

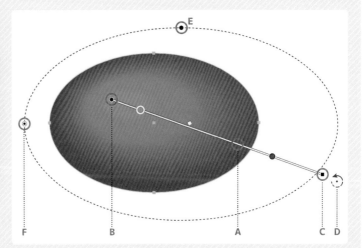

A ドラッグでグラデーションバーの位置を変更。

B スライダー始点●マークをドラッグで始点の位置を変更。

C スライダー終点■マークをドラッグでグラデーションバーの長さを変更。

D スライダーの少し離れたところで🔄が出たらドラッグで角度を変更。

E ●マークをドラッグで円形グラデーションの縦横比を変更。

F ◉マークをドラッグで円形グラデーションのサイズを変更。

Step 3　色の追加と削除

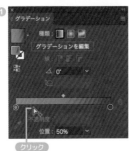

クリック

追加された分岐点

下方向へドラッグ

① グラデーションバーの分岐点の横をクリックします。

② 分岐点が追加され、色や位置の変更ができます。

③ 不要な分岐点は、グラデーションバーの下方向へドラッグして削除します。右にあるゴミ箱アイコン🗑をクリックしても削除できます。

グラデーションの色を増やしすぎると、色が混ざってきれいに見えなくなることがあるよ。
2〜3色でまとめるのがおすすめ！

Step 4 　線グラデーションの適用

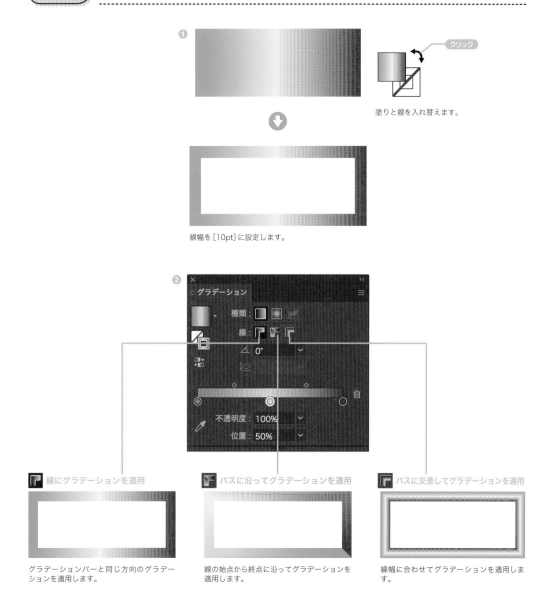

塗りと線を入れ替えます。

線幅を[10pt]に設定します。

線にグラデーションを適用
グラデーションバーと同じ方向のグラデーションを適用します。

パスに沿ってグラデーションを適用
線の始点から終点に沿ってグラデーションを適用します。

パスに交差してグラデーションを適用
線幅に合わせてグラデーションを適用します。

❶ Step3 の❷で作成したグラデーションオブジェクトの塗りと線を反転させます。ここでは線の変化を見るために、線幅を[10pt]に設定します。

❷ [グラデーション]パネルで線グラデーションを設定します。

フリーグラデーションでグラデーションを作る

任意の場所に色の分岐点を追加して、色の分布
域を変更できます。

ドラッグして色の位置を変更できます

フリーグラデーション

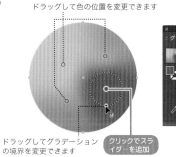

ドラッグしてグラデーション
の境界を変更できます

クリックでスラ
イダーを追加

グラデーションツール■でグラデーションを作り直す

グラデーションオブジェクトを選択した状態で、オブジェクトをドラッ
グすると、始点と終点を自由に設定できます。
何度でも作り直しができます。

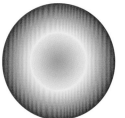
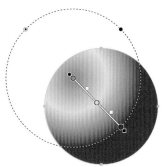

円の左上から右下へグラデーションを作り直
しました。同じ色合いの円形グラデーション
ですが、始点（ブルー）が左上になりました。

[スウォッチ]パネルからグラデーションを選ぶ

さまざまなグラデーションの見本があるので、そこから好みのグラデーションを選択して編集することもできます。

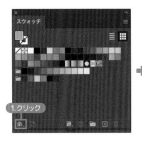

Lesson

03 | パターンを作る

Key Point
- ● 切れ目のない総柄模様の基本的な作り方を習得します。
- ● パターン柄の使い方と編集を習得します。

Step 1 新しいパターンを作る

オブジェクト
A

❶

▶ で クリック

❷
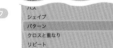

❸［パターンオプション］パネル

登録されたパターンスウォッチ

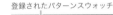

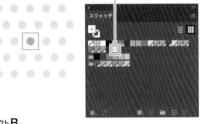

オブジェクトB

❹

❺

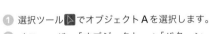

クリック

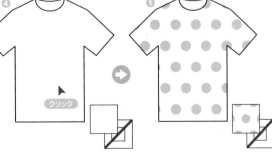

❶ 選択ツール▶でオブジェクトAを選択します。

❷ メニューバー「オブジェクト」→「パターン」→「作成」を選択すると、パターン編集モードへ画面が切り替わり、［パターンオプション］パネルが表示されます。

❸ 上図の［パターンオプション］パネルのように設定し、画面上部の「○完了」をクリックしてパターン編集モードを完了します。
［スウォッチ］パネルにパターンスウォッチが登録されます。

❹ オブジェクトBを選択し、塗りに手順❸で登録したパターンスウォッチを［スウォッチ］パネルから選択します。

❺ オブジェクトBが水玉模様になれば完成です。

Step 2 パターンを編集する

オブジェクトB

① ▶ で クリック

③④ [拡大・縮小] ダイアログボックス

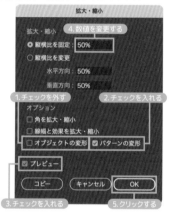

拡大・縮小

4. 数値を変更する

拡大・縮小
◉ 縦横比を固定 : 50%
◯ 縦横比を変更
　　水平方向 : 50%
　　垂直方向 : 50%

1. チェックを外す　　2. チェックを入れる

オプション
　□ 角を拡大・縮小
　□ 線幅と効果を拡大・縮小
　□ オブジェクトの変形　☑ パターンの変形
　☑ プレビュー

3. チェックを入れる

(コピー) (キャンセル) (OK)

5. クリックする

水玉パターン模様だけが
50%縮小しました。

① Step 1 で作成したオブジェクトBを選択します。

② メニューバー「オブジェクト」➡「変形」➡「拡大・縮小」を選択し、[拡大・縮小] ダイアログボックスを表示させます。
※拡大縮小ツールに切り替え、ダブルクリックか return でも同じ。

③ オプションの「オブジェクトの変形」のチェックを外し、「パターンの変形」にチェックを入れます。

④ プレビューを見ながら、「縦横比を固定」の数値を変更し「OK」ボタンをクリックします。

POINT

移動や回転なども同じようにパターンのみ編集できます。

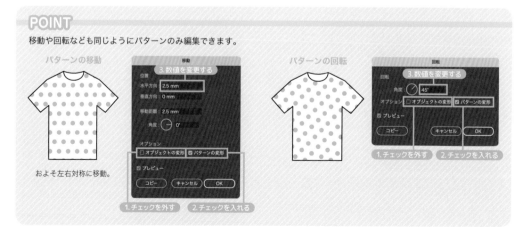

パターンの移動

およそ左右対称に移動。

移動

3. 数値を変更する

位置
水平方向 : 2.5 mm
垂直方向 : 0 mm

移動距離 : 2.5 mm
角度 : 0°

オプション
　□ オブジェクトの変形　☑ パターンの変形
　☑ プレビュー
(コピー) (キャンセル) (OK)

1. チェックを外す　　2. チェックを入れる

パターンの回転

回転

3. 数値を変更する

回転
角度 : 45°

オプション 　□ オブジェクトの変形　☑ パターンの変形
　☑ プレビュー
(コピー) (キャンセル) (OK)

1. チェックを外す　　2. チェックを入れる

Step 3 パターンスウォッチを編集する

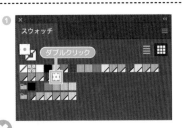

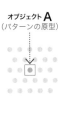

オブジェクトＡ
（パターンの原型）

パターンが拡大され
ました。

オブジェクトＡのサイズを変更します。

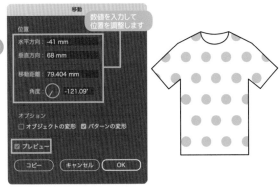

数値を入力して
位置を調整します

❶ Step1 で作成した［スウォッチ］パネル内の、「パター
ンスウォッチ」をダブルクリックします。

❷ パターン編集モードになるので、オブジェクトＡのサ
イズや色を変更します。この四角形がパターンの原型
になります。この範囲内でオブジェクトを編集します。

❸ オブジェクトＡを選択し、［パターンオプション］パネ
ルの項目でパターンの並びや間隔を変更します。編集

が完了したら画面上部の「○完了」をクリックし、編
集モードを完了します。

👆 選択ツールでオブジェクトを直接変形することもできます。

❹ Step2 のパターンの編集から、［移動］ダイアログボッ
クスで柄の位置を調整します。

※数値は設定によって変わるので、プレビューを見ながら調整しま
す。

STEPUP TOPICS

パターン編集モードで好きなパターンを作る

パターン編集モード画面で新規オブジェクト
を作成して並びを調整するなどしてさまざま
な模様が作成できます。

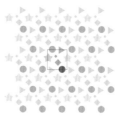

オブジェクトの間隔や並び方など
の基本的な調整ができます。

調整できたらパターンを当ててみ
ましょう。

[スウォッチ] パネルからパターンを選ぶ

[スウォッチ] パネルには、さまざまなパター
ンスウォッチの見本があります。そこから好
みのパターンを選択して編集することもでき
ます。

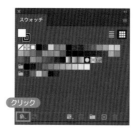

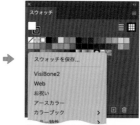

好きな画像をパターンにする

自分で用意した画像をパターンにすることもできます。
※画像をパターンにするためには必ず「埋め込み配置」にします。

リンク配置した画像

埋め込み配置した画像

金魚の画像でパターンスウォッチ
を作りました。

Lesson

04 スポイトで情報を抽出する

Key Point
- オブジェクトの色や線などの情報を抽出して別のオブジェクトに適用します。
- オブジェクトの抽出条件や適用条件などを変更します。

Step 1 色や線幅を抽出する

オブジェクトA
（適用先）

オブジェクトA

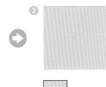

▶で クリック

線なし

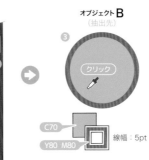

オブジェクトB
（抽出先）

クリック

オブジェクトA

C70
Y80 M80

線幅：5pt

線幅：5pt

オブジェクトAに
適用されます。

① 選択ツール▶でオブジェクトA（適用先）を選択します。

② 選択したままスポイトツール✔に切り替えます。

③ オブジェクトB（抽出先）をクリックします。

④ オブジェクトBの色や線幅がオブジェクトAに適用されます。

Step 2 項目を選んで抽出する

② ［スポイトツールオプション］ダイアログボックス

ダブルクリック

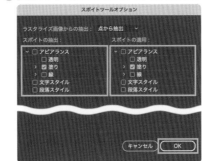

スポイトツールオプション

ラスタライズ画像からの抽出：　点から抽出　∨

スポイトの抽出：
- ∨ ☐ アピアランス
- ☐ 透明
- ＞ ☑ 塗り
- ＞ ☐ 線
- ☐ 文字スタイル
- ☐ 段落スタイル

スポイトの適用：
- ∨ ☐ アピアランス
- ☐ 透明
- ＞ ☑ 塗り
- ＞ ☐ 線
- ☐ 文字スタイル
- ☐ 段落スタイル

キャンセル　　OK

「スポイトの抽出」「スポイトの
適用」いずれも「塗り」のみに
チェックを入れます。

① スポイトツール✔をダブルクリックして、［スポイトツールオプション］ダイアログボックスを表示させます。

② 抽出する項目と、適用する項目にチェックを入れます。

オブジェクト**C**

③

▶ で 1.クリック

2.選択

線幅：3pt

オブジェクト**D**

④

クリック

線幅：10pt

オブジェクト**C**

⑤

線幅：3pt

塗りのみが適用され、線の色や
線幅は適用されません。

③ Step1 の手順でオブジェクト**C**を選択し、スポイト
ツール🖊に切り替えます。

④ オブジェクト**D**をクリックし、要素を抽出します。

⑤ 手順②でチェックした項目のみ適用されます。

［スポイトツールオプション］ダイア
ログボックスですべての項目にチェッ
クが入っていても、抽出するときに
shift を押しながらクリックすると色
だけ適用することができるよ！

STEP UP TOPICS

- ［スポイトツールオプション］ダイアログボックスのチェック項目を理解しておくと、連続する作業の時間短縮になります。
- スポイトツール🖊をクリックしたままポインタを移動すると、Illustratorの画面外の色を抽出しオブジェクトに適用することもできます。
  ※ドキュメントのカラーモードがCMYK設定の場合は、色味が少し変わります。
  ※PC環境やドキュメントカラーモードが異なるなど、同じ色が抽出適用されないこともあります。

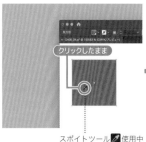

クリックしたまま

スポイトツール🖊使用中

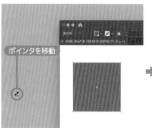

ポインタを移動

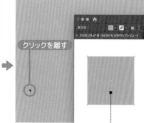

クリックを離す

画面外の色を抽出しオブジェクト
に適用します。

- 画像から色を抽出する際の
  範囲をオプションで変更し
  ます。周辺ピクセルの平均
  値から抽出します。

1.クリック

2.選択

塗りと線のボックスと抽出先の色が
連動します。

Lesson

05 オブジェクトを再配色する

Step 1 オブジェクトの再配色

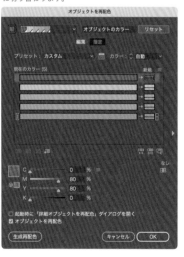

リセット
編集中の状態を初期設定に戻します。

カラーライブラリー
定型の配色パターンを選択します。

カラー
色数を指定します。

カラーテーマピッカー
配色のバランスをファイル内のオブジェクトや写真から抽出します。

(左) カラー配列をランダムに変更します。
(右) 明度・彩度をランダムに変更します。

カラーホイール
選択したオブジェクトを構成する各カラーをすべて表示しています。

リンク
複数の色を同時に変化できます。リンクを解除すると1色ずつ設定できます。

明度、彩度の切替
それぞれをクリックしてスライダーでカラーピッカーのバランスを変更します。

詳細オプション
クリックすると細かい設定のできるパネルに切り替わります。

① 選択ツール▷でオブジェクトを選択します。

② メニューバー「編集」➡「カラーを編集」➡「オブジェクトを再配色」をクリックし、パネルを表示させます。

③ パネルの詳細は図のようになっています。

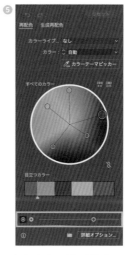

2.それぞれのポインタ
をドラッグして色を
変更します

1.クリックして解除

④ リンクを解除して、それぞれのカラーポインタをドラッグで変更します。

⑤ 明度、彩度の切替やスライダーを操作して色の変化を試します。

⑥ オブジェクトの選択を解除すると、再配色が確定されます。

Step 2 **カラーライブラリを使う**

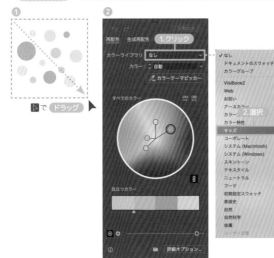

で ドラッグ

1.クリック

✓ なし
ドキュメントのスウォッチ
カラーグループ
VisiBone2
Web
お祝い
アースカラー
カラー
2.選択
カラー特性
キッズ
コーポレート
システム (Macintosh)
システム (Windows)
スキントーン
テキスタイル
ニュートラル
フード
初期設定スウォッチ
美術史
自然
自然科学
金属
ユーザー定義

① 選択ツール でオブジェクトを選択し、[オブジェクトを再配色] パネルを表示させます。

② カラーライブラリから「キッズ」を選択します。

③ カラーポインタを動かして、再配色します。

④ オブジェクトの選択を解除すると再配色が確定されます。

カラーライブラリや明度、
彩度の切り替えを使って
再配色をしてみよう!

STEPUP TOPICS

● グラデーションオブジェクトにも再配色を適用できます。

● 複数の色を使用したイラストやデザインの明度や彩度を統一することで全体のバランスが整います。

Work 07 練習問題

色とパターン

Sample File Work_07.ai

7章で学んだ色の塗り方を使って、イラストに色をつけたりグラデーションを作成したり、パターンを作成したりしましょう。

練習A **イラストの塗りや線に色をつけよう**

使用ツール

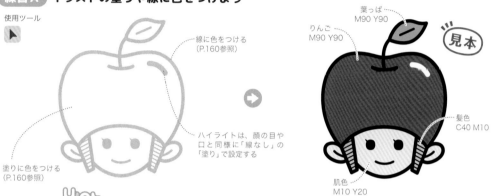

線に色をつける
(P.160参照)

ハイライトは、顔の目や口と同様に「線なし」の「塗り」で設定する

塗りに色をつける
(P.160参照)

葉っぱ
M90 Y90

りんご
M90 Y90

見本

髪色
C40 M10

肌色
M10 Y20

Hint

塗りや線に色をつける方法は、

● スウォッチパネル　● カラーパネル　● カラーピッカー

の3つがあったね。好みの方法で塗ってみよう！
「見本」の色の設定値は、スポイトツール（P.173参照）を使うと確認できるよ。

練習B **線グラデーションで虹を描こう**

使用ツール

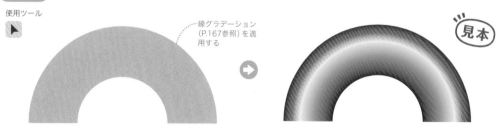

線グラデーション
(P.167参照)を適用する

見本

Hint

グラデーションの色を追加して、7色にしないといけないね（P.166参照）。

参考設定

● 赤	C13 M96 Y16		● 緑	C81 M21 Y95	
● 橙	C7 M71 Y97		● 青	C85 M50 Y4	
● 黄	C7 M3 Y86		● 紫	C56 M100 Y13	
● 黄緑	C52 M7 Y98				

練習C **市松模様を作ってパターンスウォッチを作成し、円に適用しよう**

使用ツール

塗り色
K100

四角形を複製し、
互い違いに並べる

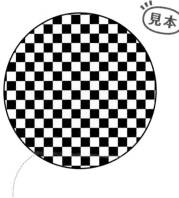

"見本"

市松模様のパターンを作り（P.169参照）、
円に適用する

市松模様を作るときは、図形がど
のように繰り返されているのかを
観察しよう。

Chapter
8

文字の入力と
編集をしよう

01 | 文字の入力

Key Point
- 基本的な文字の入力方法を習得します。
- 短文と長文の使い分けができます。
- オブジェクトの形状に合わせた文字入力を習得します。

コンテキストタスクバー
文字を入力すると、文字オブジェクトの下にコンテキストタスクバーがフローティングで表示され、フォントを設定したりプロパティを表示できます。

1.文字を入力

2.文字のコンテキストタスクバーが表示される

作例にはMac初期設定フォント「小塚ゴシックPr6N（R）」を使用しています。

Step 1 文字を入力する

文字ツール

横書きの文字を入力する。

Tで クリック

① 文字ツール
　T 文字ツール　　　　(T)
　T エリア内文字ツール
　パス上文字ツール
　IT 文字（縦）ツール
　エリア内文字（縦）ツール

② 本日の天気は晴れ
1.入力

本日の天気は晴れ時々曇りです。
2.入力完了

③
command ＋
クリックして
選択解除

1. 文字ツール T で、アートボード内をクリックします。
2. キーボードで文字を入力します。
3. command を押しながら何もない場所をクリックして選択解除し、文字を確定します。

> 文字ツール T の状態で、選択ツール ▶ に切り替えず command キーを押しっぱなしにすると、一時的に選択ツール ▶ （もしくはダイレクト選択ツール ▶）に変わるので、ツールを切り替える手間が省けるよ。

Step 2 縦書きの文字を入力する

① 文字ツール
　T 文字ツール　　　　(T)
　T エリア内文字ツール
　パス上文字ツール
　IT 文字（縦）ツール
　エリア内文字（縦）ツール
　パス上文字（縦）ツール
　文字タッチツール　（Shift+T）

※文字（縦）ツールを使用してもOK。

Tで
shift ＋クリック

②
1.入力

明日はあいにくの

③

2.入力完了

明日はあいにくの雨予報です。

③
command ＋
クリックして
選択解除

1. 文字ツール T で、shift を押しながらアートボード内をクリックすると縦書きになります。
2. キーボードで文字を入力します。
3. command を押しながら何もない場所をクリックして選択解除し、文字を確定します。

> 文字ツール T の状態で shift を押すと、押している間は文字（縦）ツール T に変わるよ。

Chapter
8
文字の入力と編集をしよう

Step 3　エリアを指定して文字を入力する

② 本日の天気は晴れ時々曇り
です。明日はあいにくの雨
です。もうすぐ
入力

T で ドラッグ

バウンディングボックス

本日の天気は晴れ時々曇り
です。明日はあいにくの雨
です。もうすぐ梅雨明けで
夏が近づいています。

入力完了

③ command +
クリックして
選択解除

④ 本日の天気は晴れ時々曇り
です。明日はあいにくの雨
です。もうすぐ梅雨明けで
夏が近づいています。

ドラッグ

ドラッグ

本日の天気は晴
れ時々曇りで
す。明日はあい
にくの雨です。
もうすぐ梅雨明
けで夏が近づい
ています。

❶ 文字ツール T で、アートボード内をドラッグし文字が
入るエリアを作成します。

❷ キーボードで文字を入力します。少し長めの文章を入
力してみましょう。

❸ command を押しながら何もない場所をクリックして選
択解除し、文字を確定します。

❹ 文字を選択した状態で、バウンディングボックスのサ
イズを変更すると、エリア内で文字が送られます。

Step 4　エリアを指定して縦書きの文字を入力する

※文字（縦）ツールを使用してもOK。

T で shift +ドラッグ

② 本日の天気は晴れ時々曇り
です。明日はあいにくの雨
です。もうすぐ梅雨明けで
夏が近づいています。

入力

❶ 文字ツール T で、shift を押しながらアートボード内
を右上から左下方向へドラッグし、文字が入るエリア
を作成します。

🖐 shift を押し続けると正方形のエリアになるので、ドラッグを始めた
ら shift は離す。

❷ キーボードで文字を入力します。少し長めの文章を入
力してみましょう。

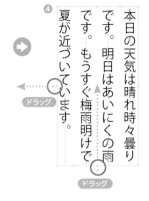

③ command を押しながら何もない場所をクリックして選択解除し、文字を確定します。

④ 文字を選択した状態で、バウンディングボックスのサイズを変更すると、エリア内で文字が送られます。

Step 5 エリア内文字入力（先にオブジェクトがある場合）

エリア内文字ツール

オブジェクトに文字を追加する。

① 文字を入れるエリアを長方形ツール ■ で作成します。塗りと線や色は自由です。

② エリア内文字ツール Ｔ に切り替え、オブジェクトのパスをクリックします。

③ キーボードで文字を入力します。少し長めの文章を入力してみましょう。

④ 作成したオブジェクト内で文字が送られ、エリア内文字になります。

⑤ command を押しながら何もない場所をクリックして選択解除し、文字を確定します。

Chapter 8 文字の入力と編集をしよう

1.長押し

3.クリック

2.選択

T 文字ツール　　　　　　　　(T)
エリア内文字ツール
パス上文字ツール
T 文字 (縦) ツール
エリア内文字 (縦) ツール
パス上文字 (縦) ツール
文字タッチツール (Shift+T)

本日の天気は晴れ時々曇り
です。明日はあいにくの雨
です。もうすぐ梅雨明けで
夏が近づいています。

❻ 縦書きにしたい場合は、エリア内文字（縦）ツール　を使用すると、オブジェクト内で縦書き文字が入力できます。

POINT

Illustratorには、新規テキストを作成する際にサンプルテキスト（夏目漱石『草枕』の冒頭）を自動で割り付ける機能があります。これは、[環境設定] ダイアログボックスの「テキスト」からオン・オフできます。

●サンプルテキストを割り付け「オン」

ポイント文字の場合

山路を登りながら

エリア内文字の場合

情に棹させば流される
る。智に働けば角が
立つ。どこへ越して

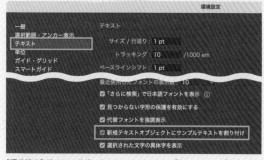

環境設定

一般
選択範囲・アンカー表示
テキスト
単位
ガイド・グリッド
スマートガイド

テキスト

サイズ / 行送り： 1 pt
トラッキング： 10　　　/1000 em
ベースラインシフト： 1 pt

最近使用したフォントの表示数： 10

☑ 「さらに検索」で日本語フォントを表示 ⓘ
☑ 見つからない字形の保護を有効にする
☑ 代替フォントを強調表示
☑ 新規テキストオブジェクトにサンプルテキストを割り付け
☑ 選択された文字の異体字を表示

[環境設定] ダイアログボックスは、メニューバー「Illustrator」➡「設定」または command + K で表示します。

サンプルテキストのメリット
・本番のテキストが準備できていなくても、テキストの位置や大きさを確認できる。

サンプルテキストのデメリット
・サンプルテキストの存在に気づかず、印刷や書き出しをしてしまうミスに繋がる。

サンプルテキストをオンにしている場合は、文字を入力するときは落ち着いて的確に作業をしましょう。

また、不要な孤立点（オブジェクト、文字、色などの実在データを持たないアンカーポイント）を作らないことでも、印刷や書き出しの際の不具合を回避できます。
孤立点はメニューバー「選択」➡「オブジェクト」➡「孤立点」から選択し、消去できます。

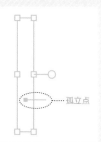

孤立点

STEPUP TOPICS

● 縦書き文字を続けて入力する場合は、文字（縦）ツール　に切り替えてもOKです。

● 文字入力は直接入力の他に、別の書類からコピー＆ペーストすることもできます。

● エリア内文字ツール　とパス上文字ツール　（P.191 参照）は、元にしたオブジェクトやパスはパスの実体がなくなり文字オブジェクトに置き換わります。そのため、背景オブジェクトや下線を加えたい場合は、文字オブジェクトとは別に作成する必要があります。

1.長押し

2.選択

T 文字ツール　　　　　　　　(T)
エリア内文字ツール
パス上文字ツール
T 文字 (縦) ツール
エリア内文字 (縦) ツール
パス上文字 (縦) ツール
文字タッチツール (Shift+T)

Lesson

02 文字の編集と設定

Key Point
- 入力した文字の加筆や改訂、消去などの編集を行います。
- 文字パネルで設定できる内容を理解します。
- 文字の種類、サイズ、文字間、行間などを変更します。

Step 1 文字を編集する

① 国内旅行の予定を立てました。

② 国内旅行の予定を立てました。 カーソル

③ 国内旅行の予定を立てました。 カーソル
←キーを2回押す

④ 海外旅行の予定を立てました。
1.クリック
2.ドラッグ

海外旅行の予定を立てました。

⑤ command +
クリックして
選択解除

---

① 文字ツール **T** で、編集したい文字を直接クリックします。

② 文字オブジェクトの中でカーソルが点滅していることを確認します。

③ ←キーを2回押してカーソルを移動します。

④ ドラッグで「国内」を選択し、「海外」と入力します。

⑤ 編集が終わったら command を押しながら何もない場所をクリックし、選択を解除します。

Step 2 [文字] パネルの表示方法と詳細

① メニューバー「ウィンドウ」➡「書式」➡「文字」（command + T）をクリックします。

② [文字] パネルが表示されます。

② [文字] パネル

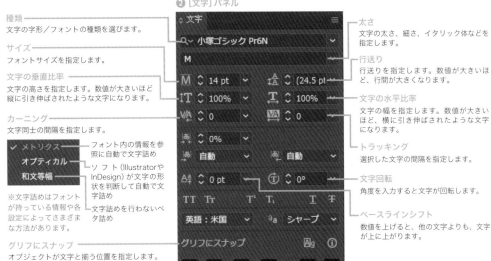

種類
文字の字形／フォントの種類を選びます。

サイズ
フォントサイズを指定します。

文字の垂直比率
文字の高さを指定します。数値が大きいほど縦に引き伸ばされたような文字になります。

カーニング
文字同士の間隔を指定します。

メトリクス ── フォント内の情報を参照に自動で文字詰め
オプティカル ── ソフト（IllustratorやInDesign）が文字の形状を判断して自動で文字詰め
和文等幅 ── 文字詰めを行わないベタ詰め

※文字詰めはフォントが持っている情報や各設定によってさまざまな方法があります。

グリフにスナップ
オブジェクトが文字と揃う位置を指定します。

太さ
文字の太さ、細さ、イタリック体などを指定します。

行送り
行送りを指定します。数値が大きいほど、行間が大きくなります。

文字の水平比率
文字の幅を指定します。数値が大きいほど、横に引き伸ばされたような文字になります。

トラッキング
選択した文字の間隔を指定します。

文字回転
角度を入力すると文字が回転します。

ベースラインシフト
数値を上げると、他の文字よりも、文字が上に上がります。

Step 3 文字の設定

① 海洋生物の生態調査

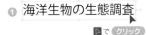 で クリック

海洋生物の生態調査

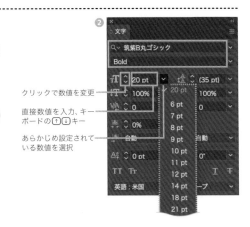

クリックで数値を変更

直接数値を入力、キーボードの ↑↓ キー

あらかじめ設定されている数値を選択

① 選択ツール ▶ で文字オブジェクトをクリックします。

② [文字] パネルで種類、太さ、サイズを変更します。

Lesson 02 文字の編集と設定

185

③ Ｔで クリック
海洋生物の生態調査

④ 海洋生物の 生態調査

⑤ 1.クリック
海洋生物の **生態調査**
2.ドラッグ

文字パネル（左）

文字
筑紫B丸ゴシック
Bold
ᵀT 20 pt　ᴬ (35 pt)
ᵀT 100%　T 100%
VA 500　VA 0
ᵃʙ 0%
ᵃʙ 自動　ᵃʙ 自動
Aᵃ 0 pt　Ⓣ 0°
TT Tr　T T,　I Ŧ
英語：米国　ᵃa シャープ

カーニングを「500」に変更します。

文字パネル（右）

文字
筑紫B丸ゴシック
Bold
ᵀT 20 pt　ᴬ (35 pt)
ᵀT 100%　T 100%
VA 200　VA 0
ᵃʙ 0%
ᵃʙ 自動　ᵃʙ 自動
Aᵃ 0 pt　Ⓣ 0°
TT Tr　T T,　I Ŧ
英語：米国　ᵃa シャープ

トラッキングを「200」に変更します。

⑥ この部分の設定を変更します。

生 態 調 査

文字パネル（下）

文字
筑紫B丸ゴシック
Bold
ᵀT 20 pt　ᴬ (35 pt)
ᵀT 150%　T 100%
VA　VA 0
ᵃʙ 0%
ᵃʙ 自動　ᵃʙ 自動
Aᵃ 10 pt　Ⓣ 30°
TT Tr　T T,　I Ŧ
英語：米国　ᵃa シャープ

文字の垂直比率：150％／ベースライン
シフト：10pt／文字回転：30°

③ 文字ツール Ｔ で「の」の後ろをクリックして、文字の編集ができる状態にします。

④ カーニングの値を［500］に変更します。

⑤ ドラッグで「生態調査」を選択し、トラッキングの数値を［200］に変更します。

⑥ 「海洋生物の」を選択し、ベースライン、角度、一部文字の高さと幅、色を変更します。

選択ツール ▶ と文字ツール Ｔ は、文字オブジェクト全体を設定するのか文字を個別に設定するのかで操作に違いが出てくるよ。設定したい内容によってツールの使い分けができるよう違いを理解しておこう。

STEPUP TOPICS

- 選択ツール ▶（ダイレクト選択ツール ▷）で文字オブジェクトをダブルクリックしても編集できる状態（カーソルの移動ができる状態）になります。
- フォントの種類や設定によってイメージが変わるので、色々試してみましょう。
- 数値の変更はキーボードの ↑ ↓ キーで設定すると変化を見ながら調整できます。
- 数値の変更は shift を押しながら10倍、 command を押しながら0.1倍で調整できます。

Sample File Ch08_03.ai

Lesson

03 段落を設定する

Key Point
- 文字の揃え位置について理解します。
- 段落パネルで設定できる内容を理解し、使い方を習得します。
- 段落パネルで基本的な長文の編集を行います。

Step 1 [段落]パネルの表示方法と詳細

❷[段落]パネル

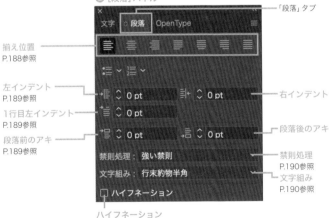

- 揃え位置 P.188参照
- 左インデント P.189参照
- 1行目左インデント P.189参照
- 段落前のアキ P.189参照
- 右インデント
- 段落後のアキ
- 禁則処理 P.190参照
- 文字組み P.190参照
- ハイフネーション P.190参照

❶ メニューバー「ウィンドウ」→「書式」→「段落」（option + command + T）をクリックし、表示されたパネルの「段落」タブをクリックします。

❷ [段落]パネルが表示されます。
[文字]、[段落]、[OpenType]パネルは基本的に3つセットで表示されます。

Step 2 ［段落］パネルの詳細

ポイント文字

❶ 文字オブジェクト A

Ⓐ 左揃え

デザートバイキング

解説用に揃え位置の色を変えています。

Ⓑ 中央揃え

デザートバイキング

Ⓒ 右揃え

デザートバイキング

❷ ［段落］パネル

❶ 選択ツール で文字オブジェクト Aを選択します。

❷ ［段落］パネルの揃え位置を変更して設定の違いを確認します。

エリア内文字

❶ 文字オブジェクト B

Ⓓ 均等配置（最終行左揃え）

昨晩はレストランに行き友人と食事をしました。

Ⓕ 均等配置（最終行右揃え）

昨晩はレストランに行き友人と食事をしました。

Ⓔ 均等配置（最終行中央揃え）

昨晩はレストランに行き友人と食事をしました。

Ⓖ 両端揃え

昨晩はレストランに行き友人と食事をしました。

❶ 選択ツール で文字オブジェクトBを選択します。

❷ ［段落］パネルの揃え位置を変更して設定の違いを確認します。

POINT

エリア内文字で長文を配置する場合、基本的には「均等配置」（横書きなら「最終行左揃え」、縦書きなら「最終行上揃え」）に設定します。

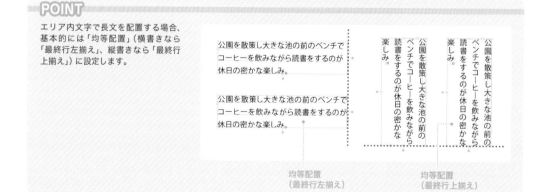

公園を散策し大きな池の前のベンチでコーヒーを飲みながら読書をするのが休日の密かな楽しみ。

公園を散策し大きな池の前のベンチでコーヒーを飲みながら読書をするのが休日の密かな楽しみ。

均等配置（最終行左揃え）

均等配置（最終行上揃え）

① 日本語にはひらがな、カタカナ、漢字が存在します。
英数字も混在して文章を書くことが頻繁にあります。
また、横書きと縦書きの両方を使い分けます。

で クリック

② 日本語にはひらがな、カタカナ、漢字が存在します。
　英数字も混在して文章を書くことが頻繁にあります。
　また、横書きと縦書きの両方を使い分けます。

③ 日本語にはひらがな、カタカナ、漢字が存在します。

英数字も混在して文章を書くことが頻繁にあります。

また、横書きと縦書きの両方を使い分けます。

1行目左インデントを「12pt」にします。

段落前のアキを「10pt」にします。

① 選択ツール で文字オブジェクトを選択します。

② 「1行目左インデント」の数値を変更し、変化を確認します。

③ 「段落前のアキ」の数値を変更し、変化を確認します。

STEPUP TOPICS

• 左インデントと1行目左インデントを組み合わせると、文章中の段落を設定できます。

B.段落の1行目を[-8pt]に設定
A.「左インデント」を[8pt]に設定
C.「段落前のアキ」を[5pt]に設定

❶ フタを空け、かやくと粉末スープを取り出す。

❷ かやくと粉末スープを袋から出し、カップの中に入れる。

❸ 沸騰したお湯を注ぎ、フタをして3分待つ。

❹ 湯気に気をつけてフタを取り、よく混ぜてお召し上がりください。

A 8 pt　0 pt
B -8 pt
C 5 pt　0 pt

禁則処理： 強い禁則
文字組み： 行末約物半角
□ ハイフネーション

• 文字ツール で選択した状態（カーソルの移動ができる状態）で文章中の段落を個別に変更することもできます。

POINT

「禁則処理」

文章中の行送りで、行頭と行末に来てしまう約物をどう処理するかを設定します。

※約物とは、「、」「。」「！」「？」「括弧」などの総称です。

[段落]パネルの「禁則処理」

約物『』『』が行末や
行頭に残る。

> オレンジやレモンを代表とする柑橘類（
> かんきつるい）は、果実の「爽やかな香り
> 」と「甘酸っぱい味」が特徴です。

約物『』『』を行末や
行頭に残さない。

> オレンジやレモンを代表とする柑橘類
> （かんきつるい）は、果実の「爽やかな香
> り」と「甘酸っぱい味」が特徴です。

「文字組み」

約物と文字の間隔を設定します。

[段落]パネルの「文字組み」

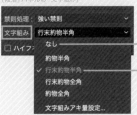

文中の約物の前後にスペースがない。

> オレンジやレモンは、柑橘類（かんきつるい）の代表的な果物です。

文中の約物の前後にスペースがある。

> オレンジやレモンは、柑橘類　（かんきつるい）　の代表的な果物です。

※上記の例はカーニングをメトリクスに設定した場合のものです。

「禁則処理」や「文字組み」は個別で設定や調整ができるので、文字の扱いに慣れてきたら設定を変更してみましょう。

「ハイフネーション」は欧文の行送りの際に、単語をハイフン（ー）で区切ることで、文字組み全体の余白をある程度統一する機能です。

Lesson

04 パス上文字を使う

Key Point
- 作成したパスの形状に文字を沿わせることができます。
- 縦書きでも横書きでも可能です。
- 始点や終点、文字の向きなどを調整します。

Step 1 パスに文字を沿わせる

パス上文字ツール

オブジェクトやパスに沿って文字を入力する。

① ペンツール▨でパスを作成します。塗りと線や色は自由です。
② パス上文字ツール▨に切り替え、パスをクリックします。

③ キーボードで文字を入力します。
④ 作成したパスに沿って文字が並びます。

※サンプルテキストの割り付けがオンの場合、クリックするとサンプルテキストが入ります。（P.183）

※わかりやすいようにパスを表示させています。

パス上文字(縦)ツール

オブジェクトやパスに沿って文字を縦書きで入力する。

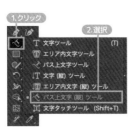

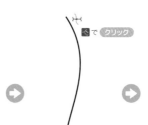

縦書き用のパスを作成したときは、パス上文字（縦）ツール▨に持ち換えると、パスに沿って縦書きの文字入力ができます。基本的には「パス上文字ツール」と同じです。

Step 2 文字を弧に沿わせる

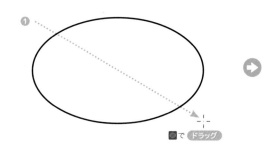

❷ で 入力

❸
文字の向きを調整
文字の始点を調整
文字の終点を調整

❹

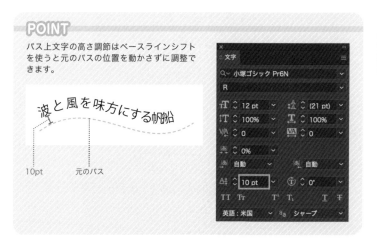

❶ 楕円系ツール ◯ で円を描きます。

❷ パス上文字ツール ✕ で楕円に沿わせた文字を入力します。

❸ パス上にある文字を調整します。始点、終点、向きのいずれもドラッグで調整します。

❹ 文字の設定や位置の調整を行い、アイコンを加えてみました。

POINT

パス上文字の高さ調節はベースラインシフトを使うと元のパスの位置を動かさずに調整できます。

波と風を味方にする帆船

10pt　　元のパス

STEP UP TOPICS

パス上文字は改行ができないので、2行以上の文章をパス上にする場合は別々に作成します。

文字

🔍 小塚ゴシック Pr6N

R

T̂ 12 pt　　　　(21 pt)

ĨT 100%　　　　100%

VA 0　　　　　　0

0%

自動　　　　　　自動

10 pt　　　　　0°

TT Tr　　T¹ T₁　　　T Ŧ

英語：米国　　　シャープ

Lesson

05 文字のオーバーフロー

Key Point
- ● 長文のレイアウト時に、複数のエリア文字を繋げて編集しやすくする機能です。
- ● あらかじめ文章を挿入するブロックを用意して、エリア文字を流し込みます。
- ● 右下のマークを確認して、オーバーフローを見逃さないようにします。

Step 1 オーバーフローしたときの調整方法

❶ テキストファイルからペースト
このテキストは文字のサイズや行間、間隔、文字数などを検証するために作った見本用

❷ 田

文字が入りきっていない状態

❸ このテキストは文字のサイズや行間、間隔、文字数などを検証するための作った見本用

❹ 田

▶ で クリック

❺ このテキストは文字のサイズや行間、間隔、文字数などを検証するために作った見本用

1.クリック

ーテキスト。このテキストは文字のサイズや行間、間隔、文字数などを検証す

2.クリック
に作った見のダミーテキストです。このテキストは文字のサイズや行間、間隔、

文字数などを検証するために作った見本用のダミーテキストです。

エリアボックスが繋がります。

田マークが消えて文字がすべて入りきりました。

---

❶ テキストファイルから文章をコピーし、Lesson01の **Step 3** または **Step 5** の手順でエリア内文字を作成します。

❷ エリア内に入りきらなかった文字がある場合は、エリアボックスの右下に 田 マークがつきます。

❸ 選択ツール ▶ で文字オブジェクトを選択し直します。

❹ 田 マークを選択ツール ▶ でクリックすると、テキストボックスを繋げるカーソル ▶▤ に変わります。

❺ 繋げるエリアを決めてクリックすると、同じ大きさのエリアボックスに文章が繋がります。
※ドラッグして任意のボックスを作ることもできます。

❻ 繰り返しボックスを繋げていくと 田 マークが消え、文章がすべて挿入されたことになります。文字の設定を行い調整します。

Step 2 エリアボックスを作成する

① テキストファイルから文章をコピーしておく

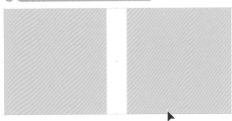

② ▶ で 2つのオブジェクトを選択

オブジェクトが透明になり、
エリアボックスが繋がります。

③

書式	選択	効果	表示	ウィンドウ
Adobe Fonts から追加…

禁則処理設定…
文字組みアキ量設定…
スレッドテキストオプション　　→　クリック　作成
　　　　　　　　　　　　　　　　　選択部分をスレッドから除外
ヘッドラインを合わせる　　　　　　スレッドのリングを解除
環境にないフォントを解決する…
フォントの検索と置換…

④ Ⓣ で クリックして文章を挿入

⑤
このテキストは文字のサ　　　検証するために作った見
イズや行間、間隔、文字　　　本用のダミーテキストで
数などを検証するために　　　す。
作った見本用のダミーテ
キストです。このテキス
トは文字のサイズや行
間、間隔、文字数などを

① 文字を入れるためのエリアを長方形ツール ▢ で作成します。塗りと線や色は自由です。
　テキストファイルから文章をコピーします。

② 選択ツール ▶ で複数のオブジェクトを選択します。

③ メニューバーの「書式」➡「スレッドテキストオプション」➡「作成」を選択すると、エリアボックスが作成されます。
　※繋がる順番は背面から前面に向かって繋がります。

④ 文字ツール Ⓣ に切り替え、先頭のオブジェクトの左上あたりをクリックして、 Step 1 でコピーしたテキストを挿入します。

⑤ 文字の設定を行い、調整します。

STEPUP TOPICS

エリアボックスは、バウンディングボックスのようにサイズの変更や移動ができます。

06 テキストの回り込み

Key Point
- 配置したオブジェクトや写真を文字が避けていくようにする機能です。
- 文章と一緒に写真やイラストを配置するときに便利です。
- 回り込みの範囲を指定すると、文字とオブジェクトの間の幅を設定できます。

Step 1 エリア内文字を回り込ませる

① このテキストは文字のサイズや行間、間隔、文字数などを検証するために作った見本用のダミーテキストです。このテキストは文字のサイズや行間、間隔、文字数などを検証するために作った見本用のダミーテキストです。

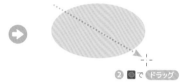

② ◯で ドラッグ

③ ▶で クリックして選択

クリック

| オブジェクト | 書式 | 選択 | 効果 | 表示 |

変形 ＞
重ね順 ＞
画像トレース ＞
モックアップ (Beta) ＞
テキストの回り込み ＞ 作成
解除
クリッピングマスク ＞
複合パス ＞ テキストの回り込みオプション...
アートボード ＞

⑤ このテキストは文字のサイズや行間、間隔、文字数などを検証するために作った見本用 のダミーテキストです。このテキストは文字の サイズや行間、間隔、文字数などを 検証するために作った見本用のダ ミーテキストです。

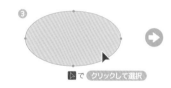

④ ▶で ドラッグ

文字が楕円を避けていきます。

① テキストファイルから文章をコピーし、Lesson01の Step3 または Step5 の手順でエリア内文字を作成します。

② 楕円形ツール◯で楕円を作成します。塗りや線、色の設定は自由です。

③ 楕円を選択したまま、メニューバー「オブジェクト」➡「テキストの回り込み」➡「作成」を選択して、楕円に回り込みの設定をします。

④ 選択ツール▶で楕円を①のテキストの上にドラッグで移動します。

⑤ 文字が楕円を避けて表示されます。

⑥

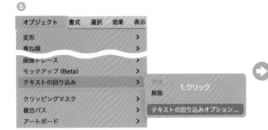

2.回り込む範囲を数値で設定

テキストの回り込みオプション

オフセット： 3 pt

□ 回り込みを反転

1.クリック

☑ プレビュー

4.クリック

キャンセル　OK

3.チェックを入れ確認

↓

このテキストは文字のサイズや行間、間隔、文字数などを検証
するために作った　　　　　　　　見本用のダミーテキ
ストです。このテキ　　　　　　　　ストは文字のサイズ
や行間、間隔、文字　　　　　　　　数などを検証するた
めに作った見本用のダミーテキストです。

↓

⑦ このテキストは文字のサイズや行間、間隔、文字数などを検証するために
作った見本　　　　　用のダミーテキストです。このテキストは文字のサイ
ズ　や　行　　　　　間、間隔、文字数などを検証するために作った見
本用のダ　　　　　　ミーテキストです。

楕円が小さくなると、それに合わせて
文字の回り込みも変化します。

⑥ メニューバー「オブジェクト」➡「テキストの回り込
み」➡「テキストの回り込みオプション」を選択して、
楕円の回り込み設定を変更します。「プレビュー」に
チェックを入れ、確認しながら数値を変更します。

⑦ 文字の設定や楕円の位置、サイズの調整を行います。

テキストの回り込みは、同じ
レイヤー内でエリア内文字の
みに適用されるよ。
回り込みを設定したオブジェ
クトより重ね順が下にあるエ
リア内文字全てが回り込みの
対象になるよ。

STEPUP
TOPICS

- イラストや配置画像に回り込みを設定することもできますが、
回り込みオブジェクトはそれらとは別にして作成したほうが
編集がしやすくなります。

- 長文や複雑な回り込みオブジェクトは、文字データに負荷が
かかります。オブジェクトの移動や編集はゆっくり確実にす
ることをおすすめします。

- 文頭の一文字だけ大きくするレイアウトなどに使用できます。

こ のテキストは文字のサイズや行間、
間隔、文字数などを検証するために
作った見本用のダミーテキストです。

Sample File **Ch08_07.ai** ▶ T

Lesson 07 タブ機能を活用する

Key Point →
- 1つの文字オブジェクトの中で離した単語を改行ごとに整列させる機能です。
- 基本的なタブ機能を習得するだけでメニュー表などの編集が簡単にできます。
- タブを記号に置き換えてメニュー表などを見やすく作ります。

Step 1 タブを挿入する

❶ T で 入力

コーヒー（HOT/ICE）500 円
紅茶（HOT/ICE）500 円
オレンジジュース 300 円
ランチ A セット 1000 円
ランチ B セット 1200 円

❷ tab キーでタブを入力

コーヒー（HOT/ICE）|500 円
紅茶（HOT/ICE）|500 円
オレンジジュース |300 円
ランチ A セット |1000 円
ランチ B セット |1200 円

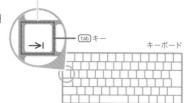

→| ── tab キー

キーボード

❸

コーヒー（HOT/ICE）　　500 円
紅茶（HOT/ICE）　　500 円
オレンジジュース　　300 円
ランチ A セット　　1000 円
ランチ B セット　　1200 円

▶ で クリック

❹

| 書式 | 選択 | 効果 | 表示 | ウィンドウ |

Adobe Fonts から追加...
フォント　　　　　　　　　　　　　＞
Retype (Beta)
箇条書き　　　　　　　　　　　　　＞
特殊文字を挿入　　　　　　　　　　＞
空白文字を挿入　　　　　　　　　　＞
分割文字を挿入　　　　　　　選択　＞
サンプルテキストの割り付け
制御文字を表示　　　　　　　　⌥⌘I
組み方向
テキストを更新　　　　　　　　　　＞

制御文字

コーヒー（HOT/ICE）»　500 円¶
紅茶（HOT/ICE）»　500 円¶
オレンジジュース »300 円¶
ランチ A セット　　1000 円¶
ランチ B セット　　1200 円#

制御文字を表示します。

❶ 文字ツール T （ポイント文字）でテキストを入力します。

❷ 単語と価格の間に tab キーでタブを入力します。

❸ 入力を終えたら、選択ツール ▶ で選択し直します。

❹ メニューバー「書式」→「制御文字を表示」（ option ＋ command ＋ I （アイ））を選択し、制御文字を表示させます。

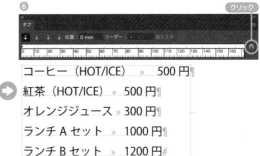

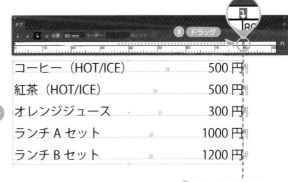

⑨ 価格の末尾が揃います。

⑤ メニューバー「ウィンドウ」➡「書式」➡「タブ」（[shift] ＋ [command] ＋ [T]）をクリックして、[タブ] パネルを表示します。

⑥ [タブ] パネルの右端のマグネットアイコン🧲をクリックし、文字オブジェクトにパネルを吸着させます。

⑦ [タブ] パネルの右から2つ目の矢印⬇（右揃えタブ）をクリックし、表示されている定規をクリックします。

⑧ 定規に矢印⬇が追加され、矢印をドラッグして右側へ移動します。矢印⬇を消去したい時は、定規の外へドラッグします。

⑨ [tab] キーより右側の価格の末尾が改行ごとに整列します。

POINT

「制御文字」とはスペースや改行など文章の中で指示を与えている記号のことです。
印刷や書き出しをした完成品には表示されません。

※エリア内オブジェクトで文末に制御文字「#」が表示さていない場合は、文字がオーバーフロー（P.193参照）している可能性があります。

制御文字一覧

	制御文字	説明
¶	改行	[return] キーを押して指示する段落となる改行
¬	強制改行	[shift] ＋ [return] キーを押して指示する。段落にならず行送りになる改行
・	半角スペース	文字間に入っている半角分のスペース
—	全角スペース	文字間に入っている全角分のスペース
»	タブ	離れた単語を改行ごとに揃える
#	テキストの終了	文字オブジェクトの最後の印

198

Step 2 リーダーで見た目を整える

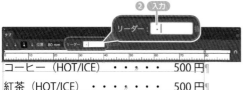

コーヒー（HOT/ICE）・・・・・ 500 円¶
紅茶（HOT/ICE）・・・・・・・ 500 円¶
オレンジジュース ・・・・・・ 300 円¶
ランチ A セット ・・・・・・ 1000 円¶
ランチ B セット ・・・・・・ 1200 円#

→

③ コーヒー（HOT/ICE）・・・・ 500 円
　 紅茶（HOT/ICE）・・・・・・ 500 円
　 オレンジジュース ・・・・・・ 300 円
　 ランチ A セット ・・・・・・ 1000 円
　 ランチ B セット ・・・・・・ 1200 円

④ コーヒー（HOT/ICE）・・・・・ 500 円
　 紅茶（HOT/ICE）・・・・・・・ 500 円
　 オレンジジュース ・・・・・・ 300 円
　 ランチ A セット ・・・・・・・ 1000 円
　 ランチ B セット ・・・・・・・ 1200 円

① Step1 で作成した文字オブジェクトをそのまま使用します。

② [タブ] パネルの「リーダー」のボックスに「・」（中黒）を入力します。

③ タブが入っている部分が中黒に置き換わり、離れた単語同士が中黒で結ばれ、見やすくなります。

④ 制御文字を非表示にし、選択を解除して完成です。

STEPUP TOPICS

- [タブ] パネルは長さを変更できるので、完成図の幅に合わせてパネルの長さを調節して使います。
- 今回作成したメニュー表以外にも、様々な表作成にタブを使用することができます。
- 制御文字は、文章作成中のタイピングミスで入ってしまったスペースや改行などを見つけることもできます。（右図参照）。

不要なスペースが入っているのがわかります。

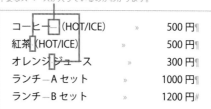

コーヒー□ （HOT/ICE）　　»　　500 円¶
紅茶□(HOT/ICE)　　　　　»　　500 円¶
オレンジジュース　　　　»　　300 円¶
ランチ—A セット　　　　»　　1000 円¶
ランチ—B セット　　　　»　　1200 円#

Sample File Ch08_08.ai

08 文字のアウトライン化

Key Point →
- 文字のアウトラインの理解と手順を習得します。
- 文字のアウトライン化を行い、既存のフォントをアレンジしてオリジナリティのある文字をデザインします。

◎ データ共有における文字のアウトライン

　書体情報を含む文字オブジェクトは、データを共有するときに、Illustratorドキュメントを開くPC同士に同じフォント（書体データ）がインストールされている必要があります。

　同じフォントがインストールされていない場合、代替フォントに置き換わったり文字化けが発生したりします。制作したデータが適切に表示されず、レイアウトの崩れや情報に間違いが出るなどのトラブルに繋がる危険性があります。

　こういったデータ共有の際のトラブルを防止するために、共通のフォントを持たないPC同士でファイルを受け渡しする場合は文字のアウトラインを行い、書体情報を持たないオブジェクトに変換してファイルを共有します。

Step 1 データのバックアップ

デザインが完成したら、別名保存を行います。

① メニューバー「ファイル」➡「別名で保存」（shift + command + S ）をクリックします。
② ファイルの保存先を指定してファイル名の末尾に「_ol」と入力し、「保存」をクリックします。

後から修正ができるように、文字をアウトライン化していないファイルを残しておこう。
手順②でファイル名の末尾に追加した「_ol」は、outlineの略だよ。決まりではないけど、慣例として使うケースが多いみたい！

Step 2 文字をアウトライン化する

アウトライン化すると文字が図形化され、異なる環境でデータを開いても形を崩さずに出力できます。

① 文字のアウトライン

② 文字のアウトライン

↳ で 選択

④ 文字のアウトライン

※解説のため強調して表示しています。

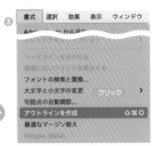

① Step1 で保存したファイルを使用します。

② 選択ツール ↳ で文字オブジェクトを選択します。

③ メニューバー「書式」➡「アウトラインを作成」(shift + command + O)をクリックすると、書体情報を持つオブジェクトを通常オブジェクトに変更されます。

④ すべての文字がアウトライン化されていることを確認し、「保存」をクリックして上書きします。

Step 3 文字をデザインする

文字のアウトライン化を使って、デザインされた文字を作ります。

① MOON

↳ で 選択

MOON

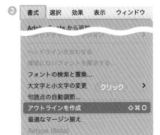

① 選択ツール ↳ で文字オブジェクトを選択します。ここではフォントを「Futura Medium」にしています。

② メニューバー「書式」➡「アウトラインを作成」(shift + command + O)をクリックします。

Lesson **08** 文字のアウトライン化

201

❸

オブジェクト	書式	選択	効果	表示
変形				>
重ね順				>
整列				>
分布				>
		クリック		
グループ				⌘ G
グループ解除			⇧ ⌘ G	
ロック				>
すべてをロック解除			⌥ ⌘ 2	
隠す				>

➡

MOON

グループ解除で個別に選択できるようになります。

❹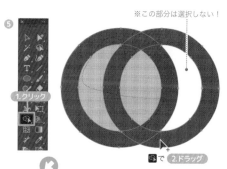

➡ ❺

※この部分は選択しない！

1.クリック

🔧 で 2.ドラッグ

⤵

M ON

⤵

➡ M ON

⬇

❻

オブジェクト	書式	選択	効果	表示
変形				>
エンベロープ				>
遠近				>
ライブペイント				>
画像トレース				>
モックアップ (Beta)				>
テキストの回り込み				>
クリッピングマスク				>
複合パス				>
アートボード				>
グラフ				>
書き出し用に追加				>

クリック

作成	⌘ 8
解除	⌥ ⇧ ⌘ 8

❸ メニューバー「オブジェクト」➡「グループ解除」（shift + command + G）をクリックします。

❹ 2つの「O（オー）」を重ね、両方を選択します。

❺ シェイプ形成ツール🔧でドラッグして、右側の穴部分以外を合体します。

❻ メニューバー「オブジェクト」➡「複合パス」➡「解除」（option + shift + command + 8）をクリックし、2つのオブジェクトに分離します。

❼ 穴部分のオブジェクトに色をつけ、文字間を整えます。

STEP UP TOPICS

- 印刷会社へデータ入稿する際は、文字のアウトライン化をして送ることが多いので、制作作業とバックアップはセットで習得しておきましょう。

- 文字はアウトライン化すると複合パスになりますので、複合パスの構造も理解して扱えるようにしておきましょう。（P.106を参照）

練習問題
文字の編集

文字の色やフォント、配置によって印象はがらりと変わります。思い通りの表現ができるようになるために、文字の編集方法をおさらいしましょう。

練習A ## フォントと文字の色と行幅を変えよう　※例文は小塚ゴシックPr6Nを使用しています。

使用ツール

日本の四季は、春、夏、秋、冬に分かれています。それぞれの季節には特徴的な風景や行事があります。

テキストエリアの幅は、テキストのエリアボックスの各辺をダイレクト選択ツール▶でクリック＆ドラッグして調整しよう。

春夏秋冬だけ文字色を変更

文字色の参考設定
- 春　M100
- 夏　C100 Y100
- 秋　M50 Y100
- 冬　C100

日本の四季は、春、夏、秋、冬に分かれています。それぞれの季節には特徴的な「風景」や「行事」があります。

フォントは「小塚明朝Pr6N」

見本

練習B ## 「テキストの回り込み」を使って、写真を避けて文字が流れるようにしよう

使用ツール

※例文は小塚ゴシックPr6Nを使用しています。

Nature of Japan
日本の原生林は、美しい川や清流と結びついています。これらの水域は生態系において重要な役割を果たし、豊かな生物多様性を支えています。原生林と川が共存する地域では独特の生態系が形成されており、保全や持続可能な利用が重要視され、自然保護活動が行われています。

見本のように、フォントと文字の色を好きに変えてみよう。

Nature of Japan

日本の原生林は、美しい川や清流と結びついています。これらの水域は生態系において重要な役割を果たし、豊かな生物多様性を支えています。原生林と川が共存する地域では独特の生態系が形成されており、保全や持続可能な利用が重要視され、自然保護活動が行われています。

見本

写真にテキストの回り込み（P.195）を適用する
※「テキストの回り込みオプション」の設定値は、「見本」の画像をクリックして選択し、[プロパティ]パネルで確認できます。

練習C　**タブ機能を使って文字の並びや字間を整えよう**　　※例文は小塚ゴシックPr6Nを使用しています。

使用ツール

約物と文字の間隔は、［段落］パネルの「文字組み」
（P.190参照）で設定を変更できます。

お魚エサやり体験のお知らせ
日程 7 月 25 日（日）
開始時間 ①13：00～／②15：00～
対象年齢 5 才～12 才
人数各回 10 名まで
持物不要

お魚エサやり体験のお知らせ
日　　程　　7月25日(日)
開始時間　　①13：00～／②15：00～
対象年齢　　5才～12才
人　　数　　各回10名まで
持　　物　　不要

項目と詳細の間にタブ（P.197参照）
を挿入する

Hint

項目と詳細が見やすくなる位置にタブ
を設定するのがポイントだよ。項目名
の両端は space で揃えよう！

練習D　**文字をアウトライン化してアルファベットの一部をイラストに繋げよう**

※例文はArial Rounded MT Boldを使用しています。

使用ツール

塗り色
M60 Y100

アウトライン化した「T」の縦棒を
ダイレクト選択ツールで曲げて、
ネコのしっぽにする

「CAT」の文字を［整列］パネルでキーオブジェクト（P.118-
119参照）にして整列基準に設定すると、ネコのイラストを下
方向にピッタリと揃えることができるよ。
「T」とネコのイラストを水平方向中央に整列するときも便利！

Chapter

9

ステップアップしよう

01 文字や画像を変形・加工する

Illustratorの便利な機能の一部を紹介します。最初は使う機会が少なくても、習得しておくと後々便利
で、実は重宝する機能がたくさんあります。

◎ エンベロープを使う

文字をオブジェクトの形に収める機能です。

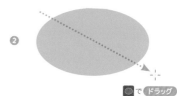

○で ドラッグ

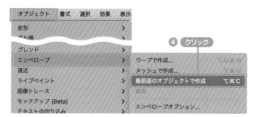

④ クリック

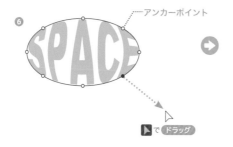

アンカーポイント

▷で ドラッグ

形状が変わりました。

① 文字ツール T で好きな文字を入力します。色やフォントもお好みのものを選んでください。ここではフォントを「Arial Black」にしました。

② 楕円形ツール ○ で楕円を描きます。色は何色でもかまいません。

③ 選択ツール ▶ で文字とオブジェクトを両方選択します。
👉 楕円の重ね順が最前面になっているか確認しましょう。

④ メニューバー「オブジェクト」➡「エンベロープ」➡「最前面のオブジェクトで作成」（option + command + C）を選択します。

⑤ オブジェクトの形に文字が成形されます。

⑥ 楕円形の形状やアンカーポイントの編集が可能です。
👉 編集にはダイレクト選択ツール ▷ を使用します。

◉ エンベロープ編集でできること

メニューバー「オブジェクト」➡「エンベロープ」から次の5つのコマンドを選択し、エンベロープを編集できます。

❶ ワープの設定

オブジェクトを変形します。（アピアランスのワープ項目（P.152）と同じ）

❸ 解除

エンベロープを解除します。

※楕円はメッシュオブジェクトになり、通常のオブジェクトとは異なるので消去するのがおすすめです。

❷ メッシュの設定

オブジェクトのメッシュの数を変更し、ダイレクト選択ツール ▶ に切り替え、ドラッグで細かい調整をします。

❹ 拡張

文字がアウトライン化され図形になります。

⑤ オブジェクトを編集

「オブジェクトを編集」で文字の変更ができます。

テキストの内容を変更します。

◉ 画像トレースする

画像をベクターオブジェクトに変換する機能です。

① 画像を配置し、選択ツール ▶ で選択します。

② メニューバー「オブジェクト」➡「画像トレース」➡「作成」を選択します。

③ メニューバー「ウィンドウ」➡「画像トレース」を選択すると、[画像トレース] パネルが表示されます。

④ ［画像トレース］パネル

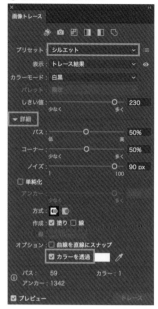

④ プリセットを「シルエット」に変更し、「詳細」の▶を
クリックして開いて「カラーを透過」にチェックを入
れます。

⑤ メニューバー「オブジェクト」➡「画像トレース」➡
「拡張」を選択すると、画像がベクターに変換されま
す。

⑥ パスやアンカーポイントの編集や色の変更ができま
す。

POINT

［画像トレース］パネルのプリセッ
トを写真や3、6、16色変換に設定す
るとカラー画像をベクターオブジェ
クトにすることもできます。
また、「詳細」にある各スライダーの
数値を変更すると、細かい微調整が
できます。
プリセットの「写真」を選択すると
適用に時間がかかったり、データが
重くなることもあるので注意しま
しょう。

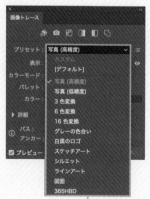

プリセットの設定項目

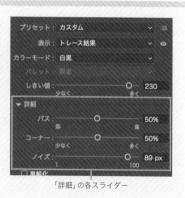

「詳細」の各スライダー

209

◯ ライブペイント

1つ1つのオブジェクトを選択せず塗り絵のように着色する機能です。

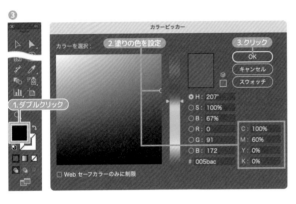

❶ (Step 2) で画像トレースをしたイラストを選択ツール ▷ で選択します。塗りを黒に設定します。

❷ ライブペイントツール 🔲 に切り替えます。

❸ 塗りの色を設定します。[スウォッチ] パネルで色を選択してもOKです。

❹ オブジェクトの塗りつぶしたい箇所にカーソルを合わせ、太線が表示されたらクリックします。

❺ 同じ要領で、色を変えながら塗りつぶします。

◎ グリッドを使う

アートボードに格子上の線を表示させレイアウトの目安や図形描画のヒントとして使用します。

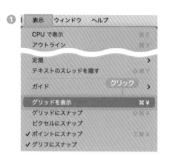

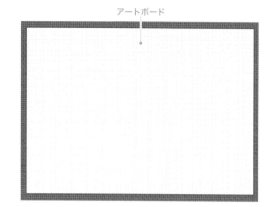

アートボード

① メニューバー「表示」➡「グリッドを表示」(command) ＋(¥)) を選択し、アートボードにグリッド（格子）を 表示します。

グリッドのサイズが変わります。

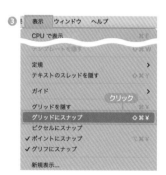

② グリッドは、レイアウトや整列の目安になります。 メニューバー「Illustrator」➡「設定」➡「ガイド・グリッド」から、グリッドのサイズや分割数を変更できます。

③ メニューバー「表示」➡「グリッドにスナップ」((shift)

＋(command)＋(¥)) をクリックすると、グリッドにオブジェクトやアンカーポイントが吸着されるようになります。

④ 長方形ツール ■ でピクセルイラストを描いたり、整列機能を使わず揃えることができます。

02 Illustratorでデータを保存する

Illustratorで制作したデータを保存するときに選択できる、主な保存形式と書き出し形式を紹介します。

◯ Illustrator の保存形式

　Illustratorで作業内容を保存したり作業を中断したりするときは、基本的にはAdobe Illustrator (ai) 形式で保存します。

　印刷会社によって指定された入稿データ形式が異なっていたり、閲覧用に保存形式を変更したりなど、さまざまなケースに合わせた保存方法があります。

▶ 主に印刷用や閲覧用に使用する保存形式

　メニューバー「ファイル」➡「保存」（command + S）または「別名で保存」（shift + command + S）をクリックし、「ファイル形式」から保存形式を選択します。

ファイル形式	説明
❶ Adobe Illustrator (ai)	Illustratorの全機能を保存できるIllustrator専用のファイル。
❷ Illustrator EPS (eps)	高品質な印刷を目的としたベクター形式ファイル。
❸ Adobe PDF (pdf)	PCのドキュメント方式として広く利用されているファイル。

▶ 主にWeb用に使用する書き出し形式

　Illustratorで制作し、Web媒体（モニター、タブレット、スマートフォン等）で使用するデータは画像で書き出します。

　メニューバー「ファイル」➡「書き出し」➡「書き出し形式」を選択し、「ファイル形式」から保存する形式を選択します。

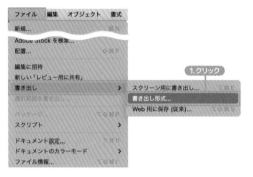

「保存」と「書き出し」の違いは、編集機能の有無。
保存は、Illustrator専用データを作ること。Illustratorで編集が可能だよ。
書き出しは、画像としてPNGやJPEGなどの閲覧用データを作ること。基本的にIllustratorで編集は不可だよ。

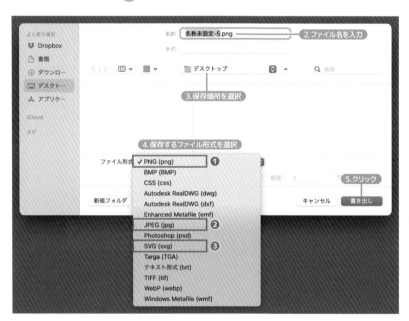

ファイル形式	説明
❶ PNG (png)	Webで多く使用されている画像形式。イラストや背景が透明な画像など、写真以外の画像に最適。
❷ JPEG (jpg)	フルカラーで使用できるので、写真や色の境界が複雑なグラデーションに最適。ただし劣化に注意。
❸ SVG (svg)	Web用に最適化されたベクターデータ形式のファイル。ロゴ、アイコンの保存におすすめ。

Lesson
03 ┃ 入稿に必要なトンボの知識

Illustratorで作成したデータを印刷所に入稿するときは、トンボが必要な場合があります。トンボの作り方や仕組みと役割を理解して正確なデータを作りましょう。

◯ トンボ（トリムマーク）

トンボとは、印刷の際の位置合わせや、断裁する際の目印にするための特殊なオブジェクトのことです。

▶ **トンボの作成方法（一般的な横型の名刺サイズの場合）** ※作例は実寸サイズの50%縮小で掲載しています。

❶ □で アートボードをクリック

2.数値を入力　1.縦横比を固定をオフ

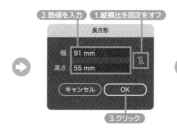

長方形

幅：91 mm
高さ：55 mm

キャンセル　OK

3.クリック

❷

⋯⋯線の色はなし

追加された新規レイヤー

❸

レイヤー
すべてを検索
トンボ
レイヤー1

2.名前を「トンボ」に変更　1.クリック

❹ 1. ▷ で長方形を選択

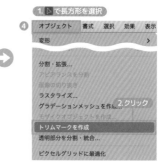

オブジェクト　書式　選択　効果　表示
変形
分割・拡張...
アピアランスを分割
画像の切り抜き
ラスタライズ...
グラデーションメッシュを作... 2.クリック
モザイクオブジェクトを作...
トリムマークを作成
透明部分を分割・統合...
ピクセルグリッドに最適化

----

❶ 長方形ツール□でヨコ91mm、タテ55mmの長方形を作成します。

❷ 塗りに色をつけ、線の色はなしにします。
※色は何色でもかまいません。

❸ 新規レイヤーを追加し、「トンボ」に名称を変更します。

❹ 選択ツール▷で長方形オブジェクトを選択し、メニューバー「オブジェクト」➡「トリムマークを作成」を選択します。

⑤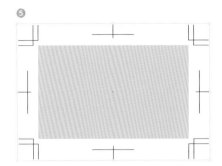

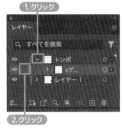

1.クリック

2.クリック

⑥

「トンボ」レイヤーがロックされます。

⑤ ③で追加したトンボレイヤーにトンボが作成されます。

⑥ トンボは制作の際には基本的に触ることはないので、レイヤーをロックします。

▶ トンボの役割と構成

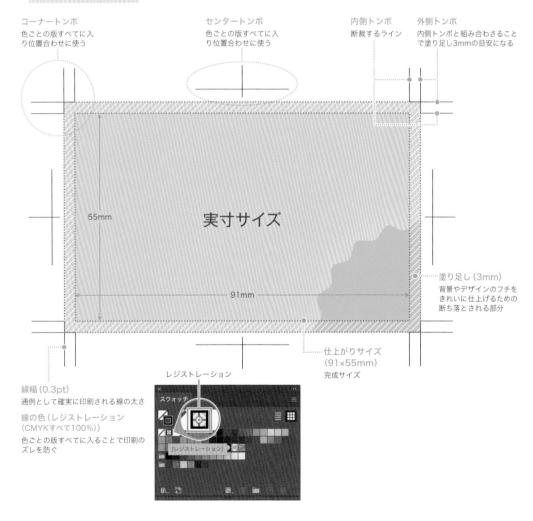

コーナートンボ
色ごとの版すべてに入り位置合わせに使う

センタートンボ
色ごとの版すべてに入り位置合わせに使う

内側トンボ
断裁するライン

外側トンボ
内側トンボと組み合わさることで塗り足し3mmの目安になる

実寸サイズ

55mm

91mm

塗り足し（3mm）
背景やデザインのフチをきれいに仕上げるための断ち落とされる部分

仕上がりサイズ
（91×55mm）
完成サイズ

レジストレーション

線幅（0.3pt）
通例として確実に印刷される線の太さ

線の色（レジストレーション（CMYKすべて100%））
色ごとの版すべてに入ることで印刷のズレを防ぐ

メニューバー「オブジェクト」➡「トリムマークを作成」でトンボを作成するときは、必ず「線なし」の仕上がりサイズオブジェクトを使用します（塗りはどちらでもかまいませんが、色があったほうが確認しやすいです）。
「トリムマークを作成」は、選択したオブジェクトの実際に設定された線を仕上がりサイズとして認識し作成されます。
例えば、仕上がりサイズオブジェクトに4ptの線が入っていると、線の太さ分の大きなトンボが作成され、断裁ラインも本来の仕上がりサイズ＋2pt分大きなものができあがります。

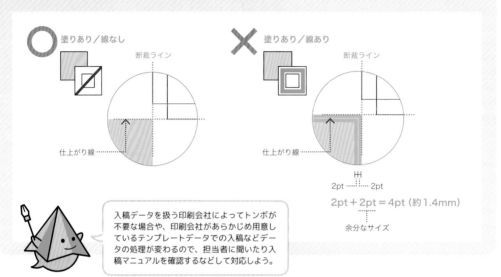

入稿データを扱う印刷会社によってトンボが不要な場合や、印刷会社があらかじめ用意しているテンプレートデータでの入稿などデータの処理が変わるので、担当者に聞いたり入稿マニュアルを確認するなどして対応しよう。

STEPUP TOPICS

基本的には日本式のトンボが設定されますが、海外の場合は少し形状が異なります。海外の印刷会社にトンボ付きで入稿する場合は、[環境設定] ダイアログボックスの「一般」にある「日本式トンボを使用」のチェックを外します。

216

Lesson

04 知っておきたい色の話

Illustratorには、基本的なカラーモードである「CMYK」と「RGB」はもちろん、もう少し細かく色を設定することが可能です。表現の幅が広がるので、知っていて損はありません。

◉ CMYK と RGB

Illustratorで新規ドキュメントを作成するときに、カラーモードを選択します。印刷物はCMYK、Web用の制作物はRGBモードで制作します。

なお、ドキュメントのカラーモードは、メニューバー「ファイル」➡「ドキュメントのカラーモード」から「CMYKカラー」「RGBカラー」を選択して、後から変更することができます。

新規ドキュメント作成画面

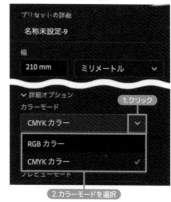

▶ CMYKとは

主に印刷で使用されるカラーモードのことを指します。

C（シアン）、M（マゼンタ）、Y（イエロー）、K（ブラック（正式名称はキープレート））の4色で構成されています。

数値が大きくなるほど色が濃くなります。

使用例 チラシやパンフレットなどフルカラーの印刷物

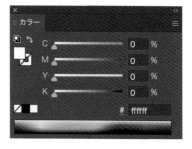

▶ RGBとは

主にディスプレイで使用されるカラーモードのことを指します。

R（レッド）、G（グリーン）、B（ブルー）の3色で構成されています。

数値が大きくなるほど色が明るくなります。

使用例 パソコンやスマートフォンなどのディスプレイ

◉ プロセスカラー、スポットカラー（特色）

印刷用のインキの種類のことを指し、Illustratorではプロセスカラーとスポットカラーを選択して使います。

プロセスカラーはC、M、Y、Kの4色で、スポットカラーはインキメーカーごとのカラーチップを基にアプリケーション内に組み込まれています。

例えば、「オレンジ色」を印刷したい場合、プロセスカラーではMとYを掛け合わせて色を表現しますが、スポットカラーの場合はオレンジ色のインキ1色で表現します。

PCのモニター上での見え方は変わりませんが、実際に刷られた印刷物を見てみると違いがわかります。

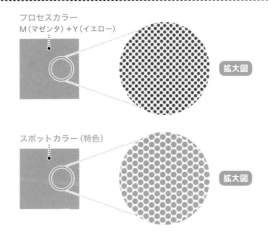

プロセスカラー
M（マゼンタ）＋Y（イエロー）

拡大図

スポットカラー（特色）

拡大図

スポットカラー（特色）を使う場合は、［スウォッチ］パネルのカラーブックからインキメーカーのカラーチップを表示させ、オブジェクトに色を適用します。

スポットカラーはスウォッチの右下に◢のマークがつきます。

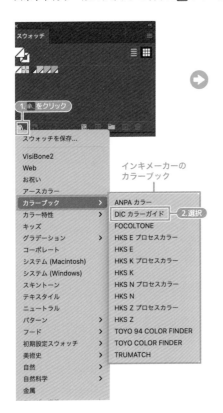

1. 🔖 をクリック

スウォッチを保存...

VisiBone2
Web
お祝い
アースカラー
カラーブック　　　　　＞
カラー特性　　　　　　＞
キッズ
グラデーション　　　　＞
コーポレート
システム (Macintosh)
システム (Windows)
スキントーン
テキスタイル
ニュートラル
パターン　　　　　　　＞
フード　　　　　　　　＞
初期設定スウォッチ　　＞
美術史　　　　　　　　＞
自然　　　　　　　　　＞
自然科学　　　　　　　＞
金属

インキメーカーの
カラーブック

ANPA カラー
DIC カラーガイド　　　2.選択
FOCOLTONE
HKS E プロセスカラー
HKS E
HKS K プロセスカラー
HKS K
HKS N プロセスカラー
HKS N
HKS Z プロセスカラー
HKS Z
TOYO 94 COLOR FINDER
TOYO COLOR FINDER
TRUMATCH

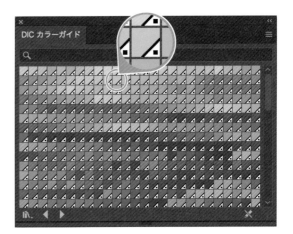

DIC カラーガイド

◯ グローバルカラー

グローバルカラーでオブジェクトを着色すると、そのスウォッチの色を変えるだけで、一括でその色を変更できます。

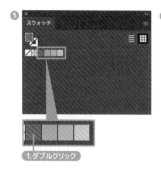

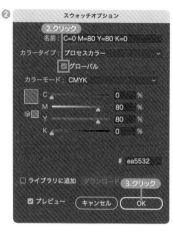

グローバルカラー

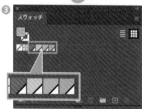

4つの色をグローバルカラーに変更します。

❸で作成したグローバルカラーを適用します。

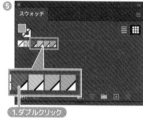

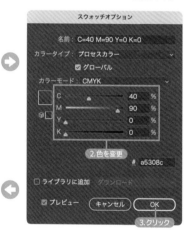

該当する色が連動して変わります。

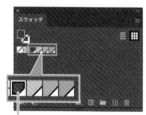

スウォッチの色が変更されます。

❶ [スウォッチ] パネルで赤のスウォッチをダブルクリックします。

❷ [スウォッチオプション] ダイアログボックスが表示されるので「グローバル」にチェックを入れ、「OK」ボタンをクリックします。
グローバルカラーはスウォッチの右下に◪のマークがつきます。
※スポットカラー（特色）とグローバルカラーではスウォッチの右下角のマークが異なるので注意。

❸ 同様に黄、緑、青のスウォッチをグローバルカラーに変更します。

❹ 16個のオブジェクトそれぞれに、[スウォッチ] パネルのグローバルカラーをランダムに適用します。
すべての選択を解除します。

❺ スウォッチをダブルクリックしてスライダーで色を変更すると、オブジェクトの色が連動して色が変わります。

◯ オーバープリント（スミノセ）

オーバープリントとは、色のオブジェクトの上にブラック（K100%）の
オブジェクトが配置される場合に、色とブラックを重ねて印刷することで、
版ズレ（印刷のズレ）をなくす設定のことです。

細い線や小さい文字などは版ズレが起きやすいので、オーバープリント
処理をしてきれいに仕上げます。

※図は解説用に少し大げさに表現しています。

オーバープリント **有**

ブラック（K100%）は、自動で
オーバープリント処理を行う設
定の印刷会社もあるので、オー
バープリントにしたくない場合
は事前に確認しよう。

オーバープリント **無**

◯ リッチブラック

リッチブラックとは、ブラック（K100%）にCMYを少しずつ混ぜてより濃い黒色を表現する手法です。オーバー
プリント処理を避ける目的で使用することもあります。

それとは反対に、細い線や小さい文字は版ズレが起きやすいので、リッチブラックには不向きです。また、二次元
コードやバーコードなども版ズレが起きた場合、機械での読み取りが困難になるので、リッチブラックは避けてデー
タ作成をします。

印刷会社によってリッチブラックの数値を設定している場合があるので確認が必要です。

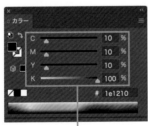

ブラック（K）にCMYを各10%ずつ混ぜて
リッチブラックにします。

文字オブジェクトはCMYKすべての版に色が入っている
ので、正円オブジェクトと重なった部分のオーバープリン
トもなく深みのあるきれいなブラックで表現されます。

☼ リッチブラックとブラックの違い

リッチブラックで作成したもの。版ズレ
が発生しています。
※解説用に少し大げさに表現しています。

ブラック（K100%）で作成したもの。

Lesson 05 プリント設定して印刷する

Illustratorで印刷物を作る場合は、できるだけ実際にプリントして色味やサイズなどを確認しながら作業を進めます。

◯ Illustratorでプリントする

　Illustrator側からの設定項目とプリンター側からの設定項目があり、プリンターの設定は各機器によって異なるので、取扱説明書やマニュアルなどを確認しましょう。

▶ A4サイズでプリントする場合

❷

❸ [プリント]ダイアログボックス

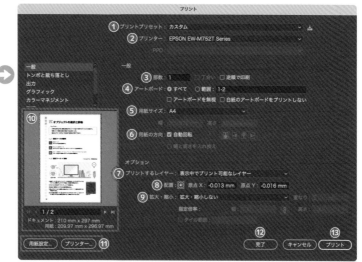

❶ ドキュメントを上書き保存します。

❷ メニューバー「ファイル」➡「プリント」（command + P）を選択します。

❸ [プリント]ダイアログボックスが表示されます。

項目	説明
❶ プリントプリセット	保存したプリンター設定を選択します。
❷ プリンター	PCと接続されているプリンターを選択します。
❸ 部数	プリントする枚数を決めます。
❹ アートボード	プリントするアートボードを選択します。（複数のアートボードを使用している場合、プリントするアートボードを指定します）
❺ 用紙サイズ	プリントする用紙サイズを選択します。（プリンターの規格で変わります）
❻ 用紙の方向	用紙の方向を選択します。
❼ プリントするレイヤー	プリントするレイヤーを選択します。

項目	説明
❽ 配置	プリントする場所を変更します。※プレビュー画面でも可能
❾ 拡大・縮小	プリントする比率を設定します。
❿ プレビュー画面	プリントの順番や場所、方向などを確認します。（ドラッグで配置の変更ができます）
⓫ プリンター、用紙設定ボタン	接続しているプリンターの設定を変更、確認ができます。用紙の設定ができます。
⓬ 完了ボタン	プリセットに名前をつけて設定を保存します。プリントはされません。
⓭ プリントボタン	プリンターにデータを送信しプリントを開始します。

▶ 大きいサイズを分割してプリントする場合

お手持ちのプリンターで印刷できるサイズより大きいサイズのデータを印刷したい場合は、印刷できる最大のサイズで分割して出力しましょう。

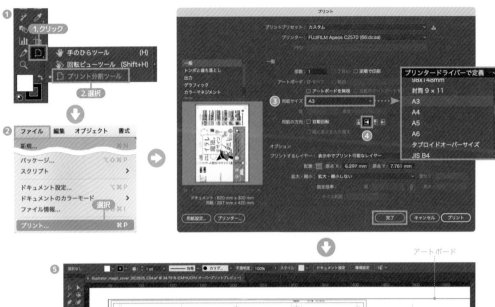

内側の点線が印刷される範囲です。

① プリント分割ツール ▣ を選択します。

② メニューバー「ファイル」➡「プリント」（command ＋ P）をクリックし、［プリント］ダイアログボックスを表示させます。

③ 「用紙サイズ」を設定します。ここでは、手持ちのプリンターで印刷可能な最大サイズである［A3］を選びました。

④ 「用紙の方向」で効率よく印刷できる向きを選択したら、「完了」ボタンをクリックします。

⑤ プリント分割ツール ▣ のままアートボード上をクリックすると、点線でプリント範囲が表示されます。印刷したい範囲が、点線の枠内に収まるようドラッグして位置を調整します。

⑥ 調整できたら、再度［プリント］ダイアログボックスを表示させます。用紙サイズが正しいことを確認したら、「プリント」ボタンをクリックします。

総まとめ問題

コーヒーショップのチラシ

Sample File Work_09.ai

解説PDF付き

完成見本を参考に、ハガキサイズのチラシを作りましょう。Chapter2～Chapter9までに学んだスキルをふんだんに使う内容になっています。

💮 制作サイズ

- アートボード：A4ヨコ
- 仕上がりサイズ：100×148mm（官製ハガキ）
- カラーモード：CMYK

💮 支給素材

- テキスト
- ベクター素材（背景、コーヒー豆のイラスト、はさみのイラスト、QRコード）
- コーヒー豆の画像

コーヒー豆のイラスト

はさみのイラスト

背景のイラスト

QRコード

コーヒー豆の画像

支給素材以外のフォントは、自由に選んでみよう！フォントの追加はAdobe Fontsが便利だよ。

この本で学んだことを振り返りながら完成させよう！

オモテ モノクロ

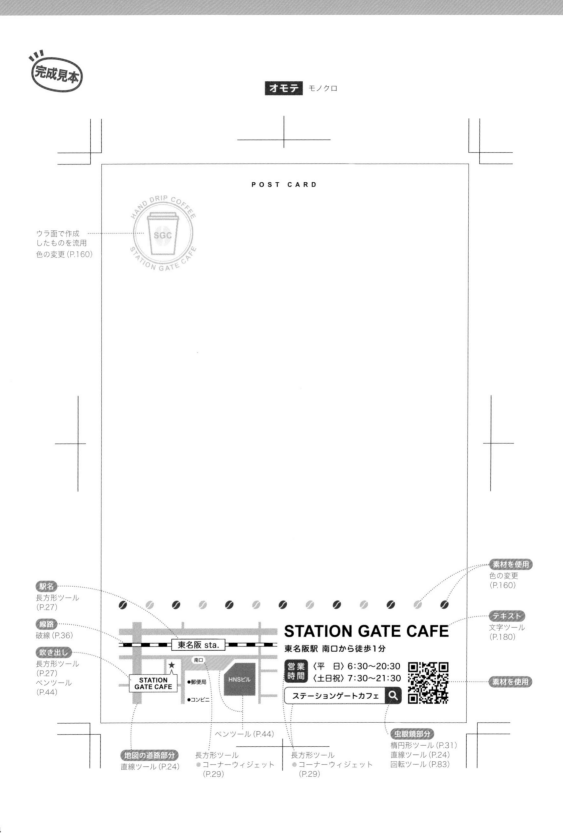

POST CARD

ウラ面で作成
したものを流用
色の変更 (P.160)

素材を使用
色の変更
(P.160)

駅名
長方形ツール
(P.27)

線路
破線 (P.36)

吹き出し
長方形ツール
(P.27)
ペンツール
(P.44)

STATION GATE CAFE

東名阪駅 南口から徒歩1分

| 営業時間 | 〈平　日〉6:30〜20:30 |
| | 〈土日祝〉7:30〜21:30 |

東名阪 sta.

南口

STATION
GATE CAFE

●郵便局

●コンビニ

HNSビル

ステーションゲートカフェ

テキスト
文字ツール
(P.180)

素材を使用

地図の道路部分
直線ツール (P.24)

ペンツール (P.44)

長方形ツール
● コーナーウィジェット
(P.29)

長方形ツール
● コーナーウィジェット
(P.29)

虫眼鏡部分
楕円形ツール (P.31)
直線ツール (P.24)
回転ツール (P.83)

テキスト
文字ツール
(P.180)

楕円形ツール (P.31)
パス上文字ツール (P.192)

素材を使用
色の変更
(P.160)

紙コップと蓋
ペンツール
(P.44)

背景
長方形ツール
(P.27)
グラデーション
(P.164)

素材を使用
拡大・縮小
ツール
(P.79)
色の変更
(P.160)

直線ツール
(P.24)
アピアランス
●線を重ねる
(P.156)

素材を使用
色の変更
(P.160)
拡大・縮小
ツール
(P.79)
回転ツール
(P.83)
リフレクト
ツール
(P.86)

長方形ツール
●コーナー
ウィジェット
(P.29)

ドリンク1杯無料券
DRINK
TICKET
利用期限
10月末

HAND DRIP COFFEE
SGC
STATION GATE CAFE

詳しくはコチラ

吹き出し
楕円形ツール
(P.31)
ペンツール
(P.44)
色の変更
(P.160)

素材を使用
色の変更
(P.160)

10月1日(火)
リニューアルオープン!

営業時間 〈平日〉6:30～20:30 ／〈土日祝〉7:30～21:30

❂ 期間限定セットメニュー ❂
※10月31日(木)まで

モーニングセット(サンドウィッチ+ドリンク) ······ 500円

ランチセット(パスタ+ドリンク) ················ 800円

ブレイクタイムセット(デザート+ドリンク) ······· 400円

メニュー部分
タブ (P.197)
文字ツール
(P.180)

はさみツール
(P.53)

画像の配置
(P.102)
拡大・縮小
ツール
(P.79)

Work

09

コーヒーショップのチラシ

総まとめ問題
パッケージ旅行のバナー

完成見本を参考に、パッケージ旅行のバナーを作りましょう。アピアランスやグラデーション、パス上文字の配置などをおさらいしましょう。

◉ 制作サイズ

- アートボード：300px × 250px
- カラーモード：RGB

◉ 支給素材

- テキスト
- ベクター素材（メインタイトル、サブタイトル、飛行機のアイコン）
- 背景画像

メインタイトル

背景画像

ビジネス
クラスで
行く

サブタイトル

飛行機のアイコン

完成見本

背景画像
素材を使用

図形部分
楕円形ツール（P.31）
アピアランス●ジグザグ（P.148）

① **サブタイトル**
素材を使用

② **飛行機アイコン**
素材を使用

③ **破線**（P.36）

①②③を
グループ化（P.77）
回転（P.83）
アピアランス
●ドロップシャドウ
（P.144）

放射線
描画モード
●オーバーレイ（P.133）
クリッピングマスク
（P.104）

メインタイトル
素材を使用
グラデーション（P.164）
アピアランス
●袋文字（P.142）
●ドロップシャドウ
（P.144）

図形の影部分
パスファインダー
●分割（P.109）

文字背景の波型図形
ペンツール（P.44）
不透明度（P.132）

文字部分
パス上文字（P.191）
アピアランス
●袋文字（P.142）

文字部分のフォント
VDL V 7 丸ゴシックEB
（Adobe Fonts）

バナーだからカラーモードはRGBだね。
実際のお仕事でここを
間違えると大変！
しっかりチェックする
クセをつけよう。

Work 11

総まとめ問題
チョコレートのパッケージ

Sample File Work_11.ai
解説PDF付き

完成見本を参考に展開図にデザインを入れて、チョコレートのパッケージを作りましょう。
データができたら、印刷して組み立ててみましょう。

制作サイズ
- アートボード：A4ヨコ
- カラーモード：CMYK

サンプルファイルには、予め展開図が用意されています。このファイルにデザインをしていきます。

支給素材
- テキスト
- ベクター素材（ロゴ、識別マーク、バーコード）
- イメージ画像

識別マーク

4 902333 226122

バーコード

企業ロゴ

LETTO

商品ロゴ

ALMOND CHOCOLATE

イメージ画像

展開図だから、文字の向きにも注意だね！
1度正方向で作ってから、180度回転するといいかも！

完成見本

注意書き部分
段落設定
●均等配置最終行左揃え (P.188)

識別マーク
素材を使用

※実際の仕事での制作データには
塗り足しが必要になります。

リボンの先端部分
アンカーポイント
追加ツール (P.55)

各面の背景
長方形ツール (P.27)

商品名
素材を使用
アピアランス
●袋文字 (P.142)
●ドロップシャドウ (P.144)

長方形ツール
●コーナーウィジェット
(P.29)

イメージ写真
素材を使用

文字ツール (P.180)
一部分を選択して
色変更

メーカーロゴ
素材を使用

数字部分
文字パネル水平比率 (P.108)
※スペース内に100%で記載
できるのであれば不要

長方形ツール (P.27)
パスファインダー
●分割 (P.109)

バーコード
素材を使用

組立見本

INDEX

数字・アルファベット

２つのアンカーポイントを１つにする ……… 121
CMYK ……… 217
Photoshop効果 ……… 150
RGB ……… 217

あ

アウトライン（パスファインダー）……… 110
[アピアランス] パネル ……… 143
アンカーポイント ……… 22
アンカーポイントツール ……… 57
アンカーポイントとハンドルの操作 ……… 45
アンカーポイントの移動 ……… 54
アンカーポイントの削除ツール ……… 55
アンカーポイントの追加ツール ……… 55
アートボード ……… 12, 13
アートボードツール ……… 13
アートボードを隠す ……… 13
アートボードを表示 ……… 13
アートボードを増やす ……… 12
[移動] ダイアログボックス ……… 73
色を選択する ……… 160
埋め込み配置 ……… 103
エリア内文字ツール ……… 182
エリアボックス ……… 194
エリアを指定して文字を入力する ……… 181
遠近変形 ……… 91
円形グラデーション ……… 166
円弧ツール ……… 42
鉛筆ツール ……… 49
エンベロープ ……… 206
大きいサイズを分割してプリント ……… 222
同じ位置にペースト ……… 76
オブジェクトに穴を空ける ……… 107
オブジェクトに影をつける（アピアランス）……… 144
オブジェクトの再配色 ……… 175
オブジェクトの整列 ……… 116
オブジェクトの分布 ……… 116
オブジェクトを移動する ……… 72
オブジェクトを傾ける ……… 89
オブジェクトを自由に変形する ……… 91
オブジェクトを背面から照らす（アピアランス）…… 145
オブジェクトを反転する ……… 86

オブジェクトをぼかす（アピアランス）……… 146
オブジェクトを曲げる（アピアランス）……… 149
オブジェクトを落書きのようにする（アピアランス）
　……… 147
オーバープリント ……… 220
オーバーフロー ……… 193
オープンパス ……… 23, 44

か

改行 ……… 198
回転ツール ……… 83
ガイド ……… 114
書き出し ……… 213
拡大・縮小ツール ……… 79
重ね順を指定してペースト ……… 75
画像トレース ……… 208
画像をパターンにする ……… 172
合体（パスファインダー）……… 109
合体（複合シェイプ）……… 112
カット ……… 74
角丸長方形ツール ……… 28
画面の移動 ……… 18
画面の拡大・縮小 ……… 18
カラーパネル ……… 161
カラーピッカー ……… 162
カラーライブラリ ……… 176
刈り込み ……… 110
カーニング ……… 185
行送り ……… 185
強制改行 ……… 198
曲線ツール ……… 43
距離 ……… 127
切り抜き ……… 110
禁則処理 ……… 187, 190
キー入力 ……… 73
グラデーション ……… 164
グラデーションツール ……… 165, 168
[グラデーション] パネル ……… 165
グラフィックスタイル ……… 154
グリッド ……… 211
グリッドで表を作る ……… 131
グリッドに分割 ……… 130
クリッピングマスク ……… 104, 108
クリッピングマスクを解除 ……… 105
グループ化 ……… 77
グループ解除 ……… 78
グループ選択ツール ……… 69

クローズパス……………………23, 45
グローバルカラー……………………219
消しゴムツール………………………52
交差……………………………………109
光彩（外側）…………………………145
合流……………………………………110
コピー…………………………………74
個別に変形……………………………92
孤立点…………………………………183
コンテキストタスクバー……………180
コントロールパネル…………………12
コントロールバー……………………30
コーナーウィジェット………………29
[コーナー] ダイアログボックス……30

さ

サンプルテキスト……………………183
シアーツール…………………………89
シェイプ形成ツール…………………112
ジグザグ………………………………148
自動選択ツール………………………70
自由変形………………………………91
自由変形ツール………………………91
定規……………………………………114
消去（複合シェイプ）………………113
新規ファイルを作成する……………17
スウォッチパネル………160, 168, 172
[スター] ダイアログボックス………34
スターツール…………………………34
ステップ数……………………………127
スパイラルツール……………………35
すべてのアートボードにペースト…76
スポイトツール………………………173
スポットカラー………………………218
スマートガイド………………………115
スミノセ………………………………220
スムーズカラー………………………127
スムーズツール………………………50
スライダー……………………………165
制御文字………………………………198
生成再配色……………………………163
整列……………………116, 117, 118, 119
整列基準………………………………116
[整列] パネル…………………………116
セグメント……………………………22, 58
全角スペース…………………………198
線グラデーション……………………167

選択ツール……………………………26, 68
線に強弱をつける……………………60
線の位置を変更する…………………59
線の色を変更する……………………26
線の角の形状を変更する……………59
線の端の処理…………………………59
線の幅を変更する……………………26
線幅ツール……………………………60
[線] パネル……………………………60
線プロファイル………………………59
前面オブジェクトで型抜き…………109
前面へペースト………………………75
揃え位置………………………………187

た

ダイレクト選択ツール………………69
楕円形ツール…………………………31
多角形ツール…………………………33
縦書きの文字を入力する……………180
タブ…………………………197, 198, 199
[段落] パネル…………………………187, 188
長方形グリッドツール………………35
長方形ツール…………………………27
直線ツール……………………………24
ツールパネル…………………………12
テキストからベクター生成…………163
テキストの終了………………………198
等間隔に分布…………………………116
同心円グリッドツール………………35
特色……………………………………218
トラッキング…………………………185
トリムマーク…………………………214
ドロップシャドウ……………………144
トンボ…………………………………214

な

ナイフツール…………………………53
中マド…………………………………109
なげなわツール………………………71
塗りブラシツール……………………51
[塗りブラシツールオプション] ダイアログボックス
………………………………………51

は

ハイフネーション……………………187, 190

背面オブジェクトで型抜き ……………… 110
背面へペースト ……………… 75
はさみツール ……………… 53
パス ……………… 22
パス上文字（縦）ツール ……………… 191
パス上文字ツール ……………… 191
パスのオフセット ……………… 124
パスの自由変形 ……………… 91
パスファインダー ……………… 109
パスをアウトライン化する ……………… 122
パスを荒くする（アピアランス） ……………… 148
パスをジグザグにする（アピアランス） ……………… 148
パスを繋ぐ ……………… 120
破線を描く ……………… 36
パターンスウォッチ ……………… 171
パターン編集モード ……………… 172
パターンを作る ……………… 169
パターンを編集する ……………… 170
離れている2つを揃える ……………… 121
パネルを合体させる ……………… 14
パネルを独立させる ……………… 14
パネルを表示する ……………… 14
半角スペース ……………… 198
ハンドル ……………… 22
描画モード ……………… 133
ファイルを閉じる ……………… 16
ファイルを開く ……………… 15
ファイルを保存する ……………… 19, 212
複合シェイプ ……………… 111
複合パス ……………… 106
袋文字 ……………… 142
不透明度 ……………… 132
不透明マスク ……………… 134, 135
太さ ……………… 185
ブラシツール ……………… 50
プリント設定 ……………… 221
フリーグラデーション ……………… 168
フレアツール ……………… 35
ブレンドオプション ……………… 128
ブレンド軸を置き換え ……………… 129
ブレンドツール ……………… 126
プロセスカラー ……………… 218
分割（パスファインダー） ……………… 109
分割（複合シェイプ） ……………… 112
文頭の一文字だけ大きくする ……………… 196
ベクターデータ ……………… 10
ベベル ……………… 125
変形の繰り返し ……………… 85

ペンツール ……………… 25, 44
ペースト ……………… 74, 75, 76
ベースラインシフト ……………… 185, 192
ぼかし ……………… 146
ぼかし（ガウス） ……………… 146

ま

マイター ……………… 125
回り込み ……………… 195
メニューバー ……………… 12
文字回転 ……………… 185
文字組み ……………… 187, 189, 190
文字ツール ……………… 180
文字にフチをつける（アピアランス） ……………… 142
文字のアウトライン ……………… 201
文字の垂直比率 ……………… 185
文字の水平比率 ……………… 185
文字の設定 ……………… 185
文字の編集 ……………… 184
[文字] パネル ……………… 185
文字を沿わせる ……………… 192
文字を入力する ……………… 180

や

矢印を設定する ……………… 59

ら

ライブペイント ……………… 210
ラウンド ……………… 125
落書き ……………… 147
ラフ ……………… 148
ランダムに個別に変形 ……………… 93
リッチブラック ……………… 220
リフレクトツール ……………… 86
リンク配置 ……………… 102
リーダー ……………… 199
レイヤー ……………… 66
レイヤーの移動 ……………… 67
レイヤーの名称変更 ……………… 67

わ

ワークスペース ……………… 12
ワープ ……………… 149, 152

● 坂口 拓

グラフィックデザイナー／イラストレーター
三重県出身大阪府在住。
アパレル企業 → 職業訓練校 → 印刷会社を経て、2017年個人
屋号「IMAGINATION」として独立。
各種広告媒体へのグラフィックデザインとイラストレー
ションの制作提供を行なっている。
大学・専門学校非常勤講師。日本タイポグラフィ協会員。

X	Instagram	HP

しっかりマスター イラレ一年生

2024 年 7 月 31 日　初版　第 1 刷発行

著者	坂口拓
装幀	広田正康
発行人	柳澤淳一
編集人	久保田賢二
発行所	株式会社ソーテック社
	〒 102-0072　東京都千代田区飯田橋 4-9-5　スギタビル 4F
	電話（注文専用）03-3262-5320　FAX03-3262-5326
印刷所	TOPPAN クロレ株式会社

©2024 Taku Sakaguchi
Printed in Japan
ISBN 978-4-8007-1335-3

本書のご感想・ご意見・ご指摘は
http://www.sotechsha.co.jp/dokusha/
にて受け付けております。Web サイトではご質問はいっさい受け付けておりません。